U0268515

无线电近炸引信多参数
复合调制技术

Research on Multi-parameter Composite Modulated Technology
for Radio Proximity Fuze

岛新煜 高 敏 韩壮志 周晓东 著

北京理工大学出版社
BEIJING INSTITUTE OF TECHNOLOGY PRESS

图书在版编目（ＣＩＰ）数据

无线电近炸引信多参数复合调制技术／岛新煜等著
. -- 北京：北京理工大学出版社，2023.4
ISBN 978 - 7 - 5763 - 2313 - 9

Ⅰ．①无… Ⅱ．①岛… Ⅲ．①无线电引信 - 近炸引信 - 研究 Ⅳ．①TJ43

中国国家版本馆 CIP 数据核字（2023）第 078864 号

出版发行／北京理工大学出版社有限责任公司
社　　　址／北京市海淀区中关村南大街 5 号
邮　　　编／100081
电　　　话／（010）68914775（总编室）
　　　　　　（010）82562903（教材售后服务热线）
　　　　　　（010）68944723（其他图书服务热线）
网　　　址／http：//www.bitpress.com.cn
经　　　销／全国各地新华书店
印　　　刷／北京捷迅佳彩印刷有限公司
开　　　本／710 毫米 × 1000 毫米　1/16
印　　　张／14.5
彩　　　插／5
字　　　数／189 千字
版　　　次／2023 年 4 月第 1 版　2023 年 4 月第 1 次印刷
定　　　价／78.00 元

责任编辑／钟　博
文案编辑／钟　博
责任校对／周瑞红
责任印制／李志强

前　　言

　　无线电近炸引信作为智能弹药的关键部件，是现代战场电子对抗中的主要干扰目标。传统无线电近炸引信的发射信号易被敌方干扰机截获、复制并生成干扰信号，导致引信早炸或失效，严重降低弹药的毁伤效能。同时，受制于体积、质量和成本等多方面因素，难以在无线电近炸引信上采用复杂的抗干扰技术，这也成为信息化战争中的薄弱环节。因此，亟须开展新型体制的无线电近炸引信研究。本书以无线电近炸引信抗欺骗式干扰能力和精确定距能力的军事需求为牵引，针对无线电近炸引信多参数复合调制技术中的关键问题，重点围绕多参数复合调制信号的设计及信号处理算法进行研究，主要研究内容如下。

　　（1）多参数复合调制信号设计。为了提高无线电近炸引信的抗欺骗式干扰能力，设计了一种新型的多参数复合调制引信发射信号，构建了其数学模型。采用脉间跳频、脉内线性调频的方式，分别改变发射信号的调制周期和载频，使多个信号参数在不同周期内发生捷变。针对近炸引信的工作特点，基于混沌映射完成了载频序列的设计方案。推导了多参数复合调制信号的模糊函数，利用模糊函数分析了多参数复合调制信号的探测性能。分别研究了信号参数改变对多参数复合调制信号距离分辨力和速度分辨力的影响。对比分析了多参数复合调制信号在干扰信号识别能力上的优势。

（2）多参数复合调制信号的干扰抑制算法。针对无线电近炸引信会接收到欺骗式干扰信号的问题以及设计的多参数复合调制信号的波形特点，提出基于压缩感知理论实现干扰信号抑制的方法。构建了多参数复合调制信号的压缩感知模型，分析了目标回波信号和干扰信号的相关性，并提出基于相关性局部检测的干扰抑制算法，利用相关性对获得的字典矩阵进行局部检测从而确保只恢复目标信号。同时，为了提高采用的压缩恢复算法的恢复精度和效率，分别从原子选择和终止准则两个方面进行了研究。定义了感知信息熵的概念，并提出基于感知信息熵的原子优化选择策略。在考虑干扰信号的条件下，推导了压缩恢复的终止条件，所提出的终止准则无须过多的先验信息并减少了算法的迭代次数。

（3）多参数复合调制信号的定距算法。针对多参数复合调制信号的信号参数改变给目标距离信息提取造成的不便，提出了基于稀疏非均匀短时分数阶傅里叶变换的多参数复合调制信号定距算法。分析了多参数复合调制信号的信号参数变化对引信定距的影响。推导了短时分数阶傅里叶变换下均匀采样和非均匀采样的关系，利用二者的数学关系在数字域中实现均匀采样和非均匀采样的转换以降低调制周期改变对定距的影响。为消除载频变化对定距的影响，提出了一种分数阶傅里叶域内的缩放变换。利用多参数复合调制信号的稀疏性，构建了非均匀短时分数阶傅里叶变换下的测量矩阵并提出在稀疏域内进行峰值搜索实现多参数复合调制信号的精确定距。

（4）近程泄露信号自适应消除算法。为了进一步减少近程泄露信号对多参数复合调制信号目标参数提取的影响，研究了近程泄露信号的消除算法。建立了近程泄露信号的数学模型并分析了近程泄露信号对无线电近炸引信的影响。对近程泄露信号和目标回波信号的相关性进行了研究，分析了影响近程泄露信号消除的主要因素。针对消除信号构建过程中的解相关相位噪声估计问题，提出了基于信息几何理论的估计方法，将相关性的计算简化成信号统计特征的计算。同时，提出了数字域中消除信号的自适应构建方案，在不需要过多先验信息的条件下实现近程泄露信号的消除，避免了改变硬件电路的不便。

（5）基于毫米波近感探测器样机的试验验证及分析。在软件仿真的基础上，利用毫米波近感探测器样机对设计的多参数复合调制信号进行了测试。针对所提出的多参数复合调制信号的信号处理算法，分别设计了多参数复合调制信号的抗干扰能力和定距能力的验证试验。试验结果表明，多参数复合调制信号具有良好的抗干扰能力，定距误差能够满足系统的精度要求，为今后多参数复合调制引信的研制奠定了基础。

本书是作者近年来在无线电近炸引信领域研究工作的总结，有助于提高无线电近炸引信抗欺骗式干扰和精确定距的能力，促进无线电近炸引信向高可靠高精度方向发展，可为新型信号体制的近炸引信设计提供理论指导和技术支撑，具有一定的理论和工程应用价值，但限于作者水平，书中难免有不足之处，敬请读者批评指正。

作　者

2022.11

目　　录

第 **1** 章
概　述

■ 1.1　研究背景及意义

"智能命中"和"智能毁伤"是现代战争武器的主要实现目标，也是未来信息化条件下的一体化联合作战、全域作战、无人作战和电子对抗作战等作战方式的主要特征。引信作为控制弹药导弹毁伤的"大脑"，是决定武器装备作战效能的关键。通过利用目标、环境、武器系统、制导系统、导航系统和战术网络等多源信息，引信能够按照预定或自适应策略选择起爆方式和控制炸点，实现精确起爆，从而发挥战斗部的最佳毁伤效果并将附带毁伤降到最低。在引信"智能化"的发展过程中，无线电近炸引信担负着至关重要的角色。现代先进的无线电近炸引信要在严苛力学环境、复杂电磁环境和强光电对抗环境下确保安全[1]，一旦无线电近炸引信因受到无源或有源干扰而失效，会导致整个武器系统功败垂成。

随着武器信息化程度的提高和电子对抗技术的快速发展，大量通信、探测设备以及高功率干扰机的使用加剧了战场电磁环境的复杂性。电磁干扰已呈现出全空域、全时域、全频域和高强度的特征。由于无线电近炸引信具有重要地位，它也成为电子战中的重要干扰对象之一。事实上，自无线电近炸引信诞生起，对其实施的干扰就从未停止，并且干扰方式日趋灵活多变。从干扰技术的特征看，早期针对单一体制的扫频压制式干扰已经发展成针对多体制的回答欺骗式干扰[2]。特别是近年来发展迅猛的基于数字射频存储（Digital Radio Frequency Memory，DRFM）技术的第四代干扰机，使干扰方能够在极短的时间内实现对无线电引信射频信号的截获、分析、调制、重构和转发，并根据需要产生复杂多变的干扰信号。这些干扰信号能够与引信的发射信号保持较强的相干性，具有良好的欺骗性干扰效果从而诱使引信"早炸"或失效，对无线电近炸引信和弹药的毁伤能力构成了严重的威胁。面对不断增加的干扰手段和日趋严重的威胁，美军从 20 世纪 90 年代起便提出引信要具备"强电子对抗能力"，到了 21 世纪初，这一定性要求被量化成"抗干扰能力提高 100 倍"，随后，美军又提出了"绝对电子对抗安全"的要求[3]。同时，美军无线电近炸引信从设计、研制到生产的整个过程，均有明确的抗人工有源干扰等级要求，其无线电近炸引信产品具有很强的抗干扰能力和复杂电磁环境适应生存能力。可见，无线电近炸引信的电子对抗能力已被置于现代先进引信发展中极其重要的位置，具有强电子对抗能力已然成为无线电近炸引信的强制要求。

目前，抗干扰技术依然是我国现役无线电近炸引信的薄弱环节，无法满足实战和未来战场引信生存和对抗技术的发展。由于我国无线电近炸引信采用传统单一体制，故其难以抵抗第四代干扰机的欺骗式干扰。同时，受制于引信体积、质量、功耗和成本等多方面因素，不便采用复杂的抗干扰技术。为此，迫切需要研制复合或新型体制的无线电近炸引信，确保其在复杂电磁环境下正常作用，并满足高可靠性和高精度的要求。

本书以无线电近炸引信为研究对象，重点对新型多参数复合调制信号的设计及其相关的信号处理技术进行研究，目的在于提高无线电近炸引信抵抗欺骗式干扰的能力以及在该体制下精确获取目标距离信息的能力。

1.2　无线电近炸引信面临的信息型干扰环境

1.2.1　无线电近炸引信面临的干扰环境的特点

现代信息化战争的重要特征是电磁环境十分复杂，无线电近炸引信面临的主要环境威胁也由传统的机械环境转变成电磁环境。与传统的机械引信不同，无线电近炸引信是利用无线电对目标进行探测，其内部采用了大量的电子元器件等敏感部件，极易受到内部和外界环境的干扰。根据不同的干扰源，可以将无线电近炸引信面临的干扰环境分为自然环境干扰和人为干扰，如图 1 - 1 所示。

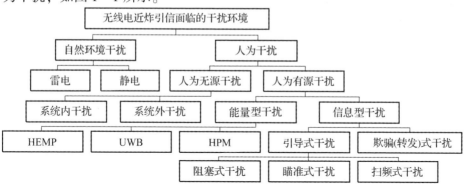

图 1 - 1　无线电近炸引信面临的干扰环境

自然环境干扰不可避免存在于一定的空间环境内，其作用效果与无线电近炸引信电子部件的灵敏度有关。而人为干扰则是敌方施加的具有较强针对性的干扰，意在破坏引信电路或产生虚假目标，使引信发生失效或"早炸"，对作战态势具有更强的威胁性。由于无线电近炸引信必须工作在一定的区域和空间环境中，所以特定空间内电磁环境的变化将直接影响引信的作战效能。随着电子及信息技术的进步，无线电近炸引信面临的电磁干扰环境也不再单一明确，而更加趋于复杂甚至未知，具体呈现出以下特点。

1. 多频段信号交织

雷达、高速数据通信和5G等信息技术的蓬勃发展促进了战场光电设备的频段开拓。当前作战条件下的光电设备频段基本涵盖了超长波到亚毫米波、太赫兹直至光电谱。信号密度之高以及频段范围之宽均前所未有。新体制光电设备和复杂调制信号更迭迅速，同时，在日益拥堵的频谱资源和庞大数据量的影响下，引信接收到的信号可能不再是单一频段内的无线电信号，而是多个频段内相互交织的信号，这给引信目标信号的获取和分析带来了极大的挑战，且这种情况会随着信息技术的发展变得更加严重，这就迫使引信需要具有更加先进的信号选择和处理能力。

2. 多域立体式分布

引信面临的电磁干扰环境的复杂性同样表现在时域、频域、空域和能域的交叠分布上。时域上的信号集中、频域上的载频拥挤、空域上的传播交错以及能域上的强度变化共同反映了同一空间内电磁干扰的复杂特性。面对超高速、超低温、低气压、宇宙射线等各种新环境，加上光电信号种类、调制样式多变，传统单一平面式的电磁辐射已经趋于多域立体式分布，引信面临的战场环境更加恶劣。新的自然环境、电子对抗环境和电磁兼容环境要求引信必须具备在极端环境下高安全、高可靠和正常作用的能力[4]。

3. 敌我对抗性剧烈

战场电磁环境的对抗性随着各国对电磁频谱资源的激烈争夺而逐渐加剧。就干扰和抗干扰的攻防关系而言，装备抗干扰能力的飞速跃升会迫使干扰技术快速发展。2020年，美国发布的《联合电磁频谱作战》条令正式将"电子战"更替为"电磁战"。同时，美国将从顶层设计至装备工程应用的多个环节开发电磁频谱作战系统，用一体化的电磁频谱作战代替传统的电磁战和频谱资源管理。美军也在探索军事行动中控制、协调电磁频谱使用以及对敌实施电磁欺骗的新方案。面对这样复杂的电子对抗环境，在衡量电磁干扰对引信等电子信息系统工作的影响时，除了要考虑己方电子设备的规划，还需综合考虑敌方活动及其可能在不同维度上施加的干扰。

1.2.2 信息型干扰对无线电近炸引信的影响分析

相比于自然环境干扰和能量型干扰对引信造成的"硬损伤",信息型干扰主要以"软损伤"的方式影响引信的正常工作。信息型干扰能够以较低的干扰源辐射能量产生复杂程度更高的干扰信号,具有效率高、干扰效果好的特点,是各军事强国着重发展的干扰手段,也是无线电近炸引信面临的最严重威胁。引信的接收机部分是信息型干扰的主要对象[5],干扰信号通过引信射频的接收通道进入信号处理电路,使引信产生误判或不能正常工作从而出现"早炸"或"瞎火"的现象。

压制和欺骗是信息型干扰的两种典型形式。压制式干扰通常以噪声的形式掩盖有用目标,而欺骗式干扰是利用虚假目标信息作用于引信的目标检测系统。其中,以 DRFM 干扰机为代表的欺骗(转发)式干扰对引信的威胁最大。DRFM 干扰机可以适应复杂电磁环境,具有快速捕获和存储信号的能力并能够产生灵活多变的干扰样式。它通过对引信发射的信号进行截获分析以获取信号的具体参数和调制类型,并在附加延时后进行转发,产生与发射信号具有较强相干性的干扰信号。由 DRFM 干扰机产生的干扰信号与真实的目标回波信号具有极强的相似性,可以得到与真实目标回波信号相同的相干处理增益,在引信信号处理的距离维或速度维上产生虚假信息,引起引信误判或不工作,突破引信的信道保护能力。DRFM 干扰机在距离维上对信道保护的突破能力与其距离延时的分辨率和精度有关,而在速度维上对信道保护的突破能力取决于其多普勒频率的分辨率和精度。对于连续波多普勒引信,DRFM 干扰技术主要在速度维上突破引信的信道保护;对于谐波式调频引信,DRFM 干扰技术主要在距离维上突破引信的信道保护;对于脉冲多普勒引信,DRFM 干扰技术可同时在距离维和速度维上突破引信的信道保护。

1.2.3 信息型干扰机的发展趋势

无线电近炸引信的信息型干扰机的发展始于 20 世纪中叶,大致经历了四个阶段，如图 1-2 所示。从发展脉络上看，信息型干扰机由早期"噪声压制"的直接干扰方式逐渐发展成具有侦察干扰一体、噪声压制与欺骗干扰相结合的综合电子对抗系统。以美国"游击手"电子防护系统和俄罗斯"SPR"系列引信干扰系统为代表的信息型干扰机，现已基本具备干扰连续波多普勒、调频等多种体制无线电近炸引信的能力。第四代信息型干扰机的工作频段可覆盖至毫米波段，采用最先进的微电子技术，并利用大量的软件技术对侦收到的信号进行分析，同时增设了目标威胁数据库和决策逻辑功能，可以保留截获的引信信号的细微特征，具有快速反应能力，可对不同体制的引信施加干扰。此外，信息型干扰机的质量和体积也在进一步减小。

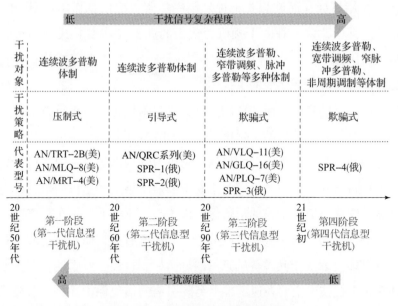

图 1-2 信息型干扰机的发展脉络

当然，为了谋求战场上的主导权，各军事强国对于发展信息型干扰机并不仅满足于此，其重要方向在于提高信息型干扰机的智能化水平，即能够自主识别引信信号[6]。干扰技术是为了适应引信技术的进步而发展的。在美国科学家 Simon Haykins 将认知科学的概念引入雷达设计领域后[7]，美军开始高度重视认知雷达在电子对抗中的作用。美军依托深度学习、遗传算法等智能算法提高信息型干扰机的"认知"能力，增强信息型干扰机的环境适应性及信号甄别能力。2012 年，美国国防高级研究计划局（Defense Advanced Research Projects Agency：DARPA）启动了"自适应雷达对抗"项目，并于 2016 年年初通过验收（如图 1 - 3 所示），首次将认知雷达应用于实际的电子战系统。所研制的系统样机可以感知战场周围环境，针对敌方的无线电信号自动调整干扰策略从而达到最佳干扰效果。美空军也在开展认知干扰机项目，通过软件无线电技术，以开发算法为核心，旨在构建一套干扰样式灵活、功能多样的认知干扰系统以实现高效、灵巧、精准干扰的目的[8]。2015 年，美国国防科学委员会报告《复杂电磁环境下的 21 世纪军事行动》中提出，要在美海军干扰机技术优化小组的基础上建立跨军种的干扰技术与分析中心，意在形成一套实时自适应的电子对抗系统，借助雷达、通信系统与信息型干扰机的配合，力求在未来战场上可以快速改变信息型干扰机的发射波形和信号参数、体制等，提高整个电子对抗系统的能力。可以预见，为了满足信息型干扰机智能化、便携化、多功能化的发展需求，基于软件定义、机器学习、完全数字化硬件、智能协同工作等一些新的技术途径将逐步成为下一代信息型干扰机的关注焦点。对于无线电近炸引信而言，其所面临的干扰环境势必更加严峻。

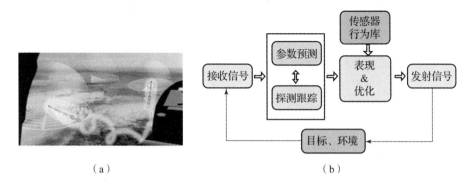

（a）　　　　　　　　　　　　　　（b）

图 1 - 3　DARPA "自适应雷达对抗" 项目

（a）概念图；（b）原理简图

■ 1.3 无线电近炸引信抗干扰情况

1.3.1 国外无线电近炸引信抗干扰现状

美国在 1997 年 Yuma 试验基地开展的实弹对抗试验中发现，"游击手"干扰机可成功干扰装配 M732、M734 和 MK12 无线电近炸引信的炮弹、迫弹和火箭弹的齐射和群射，对参试弹的干扰成功率达到了 100%[9]，引起美国极大的震惊。此后，美国便高度重视无线电近炸引信抗干扰能力的提升。

美国引信年会资料显示[10-13]，美军对无线电近炸引信抗干扰能力的提升需求极为迫切，其要求也在逐年提高。自 1999 年起美军就已经对调频/连续波多功能引信明确提出强电子对抗防护能力的要求。2000 年，美军针对该多功能引信，继续提高了对抗能力的要求等级。2001 年，美军针对 76/62 mm 的弹药引信，要求其电子对抗防护能力达到"非常高"的水平。2002 年，美军针对 DM84 炮兵多选择引信，提出其应具有不被干扰的要求。2003 年，美陆军对 40 mm 对空引信提出了绝对的电子对抗安全性要求，同年，美海军要求其舰炮引信应具备很高的对抗电磁干扰的能力。2004 年，美军要求其炮兵无线电引信的电子对抗能力提高 100 倍。2006 年，美国又对 DM74 多选择引信和 DM34 无线电引信提出了不被干扰的要求。至此，美军典型的引信产品如 M734A1、DSU33 和 M782 多选择引信基本具备了抵抗第三代信息型干扰机的能力。随后，美方又针对第四代信息型干扰机分别于 2012 年和 2016 年提出了大幅提高引信抗电磁无意干扰与有意干扰能力以及大幅提高引信复杂战场环境适应性的要求。

为了提高无线电近炸引信的抗信息型干扰性能和在战场环境中的生存能力，国外无线电近炸引信重点在引信体制和信号处理上寻求突破。表

1-1 总结了各代信息型干扰机时期国外无线电近炸引信采用体制的发展特点。可以看出，经过近 20 余年的发展，国外无线电近炸引信从单一的连续波多普勒体制已经发展成脉冲多普勒、伪随机码调制、调频连续波、频率捷变等体制以及各种复合体制共存的局面。典型的引信如德国 Junhans 公司的 FRAPPE 炮兵多用途引信、南非用于榴弹的脉冲多普勒引信 M9053A1 和用于迫弹的频率捷变引信 M9327A、法国和联邦德国共同研发的装配在罗兰特导弹上的特殊波调频引信、美国"不死鸟"导弹装备的窄脉冲引信和"铜斑蛇"导弹装备的噪声调频引信、英国用于榴弹的频率捷变引信 M85C88 以及法国装配在"海响尾蛇"导弹上的利用伪随机码和脉冲复合调制的无线电引信。这些新体制除了能提高引信的探测精度外，主要优势在于提高了引信发射信号波形的复杂性。此外，诸如频率步进雷达技术或谱分析等信号处理方法也被用于提高引信的抗干扰能力。

表 1-1 国外无线电近炸引信各阶段采用的体制特点

阶段	国外无线电近炸引信体制发展特点
第一代信息型干扰机阶段	主要采用连续波多普勒体制，重点关注目标探测问题，无针对性的抗干扰措施
第二代信息型干扰机阶段	炮兵引信以连续波多普勒为主，导弹引信出现调频、脉冲体制。引信开始采用针对转发欺骗式干扰的抗干扰措施
第三代信息型干扰机阶段	炮兵引信大量装备调频无线电近炸引信，但仍有部分连续波多普勒体制引信，导弹引信出现复合探测体制。采用综合抗干扰措施，大幅度提高无线电近炸引信的抗干扰能力
第四代信息型干扰机阶段	调频引信大量装备部队，制导一体化设计、复合调制波形等新体制开始应用于引信，要求引信能够抵抗干扰机与强电磁脉冲干扰

1.3.2 国内外无线电近炸引信抗干扰差距分析

虽然无线电近炸引信的抗干扰能力是国内先进引信技术研究中重点关

注的方向且在持续开展相关研究，但目前与国外先进引信比较而言，形成了不对等的格局。在低空目标防空方面，国内个别型号引信的性能优于国外先进引信。而在其他用途的无线电引信方面，国内引信的性能普遍落后于国外。国内现有引信采用的抗干扰策略与国外水平基本一致，但在方法和技术实现上与国外引信还存在较大差距，造成这种差距的原因是多方面的，主要表现在以下几点。

首先，抗干扰理论与方法研究的基础薄弱。在 21 世纪初，国外第三代信息型干扰机技术基本成熟，同时期国内的抗干扰研究刚刚起步，且主要以第二代信息型干扰机为对象。国内在电磁环境模拟和抗干扰试验方法方面均滞后于国外先进水平，干扰技术的代差制约了抗干扰理论及方法的研究。针对无线电近炸引信不同类型目标的近场特性、先进干扰技术的内涵与特征、抗干扰的理论与方法等，缺少系统的研究，造成理论基础薄弱，未形成系统的指导无线电近炸引信抗干扰设计的理论体系。

其次，缺乏干扰环境对引信设计的要求和原则。美国已经形成了比较完整的引信在恶劣电磁环境下的军用标准和测试方法体系，明确了防护措施要求。国内针对引信的抗干扰性能要求主要以定性要求或在干扰条件下引信的通过率为主，这种以通过率来描述引信的抗干扰能力的方式容易对引信的抗干扰设计造成误导，即要求引信只要在干扰环境下不"早炸"即可。然而，根据实际的作战要求，引信的抗干扰能力不能仅满足不"早炸"要求，还要能够在干扰环境下保持正常近炸能力，因此需要对引信设计原则及抗干扰要求进行进一步明确。

再次，未及时对标先进信号处理技术在引信上的应用研究。美军在引信干扰和抗干扰技术方面始终保持优势的原因在于着眼未来战场要求，积极扩展新技术、新方法在引信上的应用。早在 2007 年，美军就通过增加探测调制带宽、数字处理及联合控制等技术，大幅增强引信抗第四代信息型干扰机的能力。到了 2016 年又提出下一代引信的抗干扰方法，即利用大带宽、高复杂调制波形和距离提取等新型处理技术使引信向具备抗第五代信息型干扰机能力的方向发展。可见，在技术研究层面，不能仅局限于当前对抗环境的要求，还要瞄准未来，综合考虑已知和未知的干扰威胁，勇于拓展新思路、新方法在引信上的应用。

■ 1.4　无线电近炸引信抗干扰技术分析

前文指出，信息型干扰是无线电近炸引信未来一段时间内面临的最严重的威胁，基于此开展的抗干扰技术研究也在如火如荼地进行。各研究机构、学者也在尝试探索、借鉴不同领域的技术方法在无线电近炸引信上的应用。为此，本节重点对抵抗信息型干扰的一些手段和方法进行梳理、论述并简要介绍这些技术手段未来的发展趋势。

1.4.1　无线电近炸引信抗干扰技术的特点

无线电近炸引信的工作原理与雷达相似，它可以近似看成一个小型化的雷达。因此，对其采用的抗干扰措施可以借鉴现有雷达抗干扰或抗截获的技术途径。但由于无线电近炸引信本身的工作环境又区别于传统雷达，所以在考虑无线电近炸引信抗干扰技术时，要注意以下几个特点。

1. 工作频段宽

现有无线电近炸引信的工作频段涵盖了米波到毫米波的范围，随着技术的进步，其工作频段会进一步扩宽。从干扰的角度看，干扰机需要具备较宽的频带方可对引信实施有效干扰，而很重要的一种抗干扰措施便是避开干扰机的干扰频带。毫米波具有高载频带宽和高信号带宽的优势，可为引信信号体制的创新提供技术空间，但仍需结合高性能的信号处理技术。

2. 作用距离近

无线电近炸引信相当于弹药最终端的控制装置，实际探测距离一般不超过几十米，比一般雷达的工作距离小得多。引信近感探测器的辐射功率通常较小，接收机的灵敏度相对较低。干扰机距引信的距离通常远大于引信的作用距离，往往需要较大的干扰功率才能对引信起到干扰作用。

3. 处理周期短

无线电近炸引信多采用远距离接电方式以减小早期干扰对近感探测器的影响。从接电到输出起爆控制信号的时间非常短，在这个时间段内完成干扰信号抑制和炸点控制对近感探测器的硬件和软件提出了很高的要求。一方面，引信采用的信号处理器要具有快速采样和解算的能力。另一方面，信号处理算法应当尽可能地简洁高效。

4. 工作动态强

与传统雷达不同，引信一般处于高速动态的工作环境。引信天线主瓣也会随着弹体一起运动。除了考虑弹目间的相对运动，高速状态下弹体的运动，如章动、进动等，也有可能对引信接收到的信号造成影响。

1.4.2 无线电近炸引信抗干扰技术概况

根据现有文献和相关资料报道，提高引信抗干扰能力旨在尽可能令回波信号不容易被干扰机模拟，同时，引信要具有区分干扰信号和目标回波信号的能力。引信抗干扰技术途径大致可以从信号域、信息域和天线角度三个方面考虑，如图1-4所示。在信号域，主要以增强发射信号的隐蔽性和接收信号的处理能力为主，根据信号的传输路径，可以分别从发射链路和接收链路两方面考虑；在信息域，主要利用信息融合手段提高抗干扰能力，包括采用多个传感器共同探测或在单个传感器上对不同域的信息进行综合处理两方面；在天线角度，则是从优化其接收信号能力方面提高引信的抗干扰性能，只不过更加侧重天线空间结构或天线的选择能力。信号域、信息域和天线角度分别是从不同的维度提高引信的抗干扰能力，其各自具有不同的优势和适用条件，对引信系统的软件和硬件要求也有差别，下面分别对这些技术措施的研究进展进行论述。

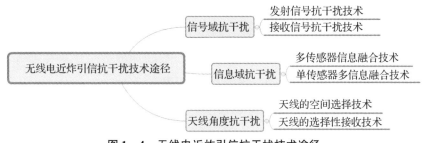

图 1 – 4　无线电近炸引信抗干扰技术途径

1.4.2.1　发射信号抗干扰技术

欲使引信的发射信号不易被干扰机截获和模拟，改变发射信号的形式是一种最直接的方式。设计者可以从增大发射波形的时宽带宽积、降低发射信号的峰值功率和增加发射信号调制复杂度三个方面考虑。在发射功率较低的条件下，增大脉宽可以降低发射信号的峰值功率，但随之而来的是速度分辨率的恶化[14]。对于单纯的连续波信号而言，虽然增大波形的时宽带宽积有助于提高抗干扰能力，但抵抗欺骗式干扰的能力依然有限。相比之下，改变信号调制复杂度是比较有效的方法。当发射信号的调制波形比较复杂时，敌方干扰机很难分析解调出引信发射信号的信号参数，从而无法发射有效的干扰信号。通过改变工作频率和信号体制来增加引信发射信号波形的复杂性，以提高信号的隐蔽性，从而给干扰机的接收和复制造成困难。为此，下面着重从工作频率和调制体制两个方面对发射信号抗干扰技术进行阐述。

1. 工作频段

在工作频段上逐渐采用更高频率的毫米波段。相比于微波段，处于毫米波段的信号波长更短，有利于实现较窄的波束宽度[15]，还可以提供较宽的频带范围。频带越宽，引信的距离分辨率越高。同时，大带宽也给予信号载频更大的选择空间，为避开干扰机的干扰频率提供了可能。毫米波引信信号接收端的灵敏度通常较低，而且，毫米波段信号的距离衰减较大，这意味着要对引信施加干扰必须要求干扰机具备足够高的干扰功率，这无疑增加了敌方对引信干扰的难度。尽管毫米波段在引信抗干扰方面有着诸多优势，但要真正实现引信良好的探测性能，还需要在宽带高灵敏度接收、快速高精度方位引导、宽带功率放大、窄脉冲处理、集成技术等方面寻求突破。除了毫米波段，太赫兹频段也是近年来被关注的热点。太赫兹探测系统具有更高的距离、角度和速度分辨率，具有独特的反隐身和抗干扰能力[16]。王海彬探讨了太赫兹技术在引信上的应用[17]，从理论上分析了太赫兹频段对抗信息型干扰的优势。他得到的结论是，对于同一个干扰机，采用太赫兹频段的引信被干扰机侦察到发射信号时的距离远远小于微波、毫米波频段引信，这说明太赫兹频段具有更强的隐蔽性。然而，相比于毫米波技术，实现太赫兹技术在引信上的应用要面临更加复杂的技术问题。首先，太赫兹信号源的功率较低[18]，在有限空间内探寻有效的功率合成技术实现较大的输出功率是当前太赫兹探测系统亟待解决的问题。其次，太赫兹波介于电子学向光子学过渡的频段内，当前目标材料对太赫兹波的散射特性和影响机理尚不明确[19]，缺少有效的散射特性的计算方法和试验测量手段。另外，由于太赫兹波的波长比微波和毫米波的波长更短，弹目相对运动造成的距离－多普勒扩展现象将会加剧[20]，传统的目标检测算法可能不再适用，所以仍需研究新的目标检测算法。

2. 工作体制

不同的工作体制或调制方式与引信的抗干扰能力有密切的关系。由于干扰机一般针对特定体制的引信而设计，所以改变信号体制，增强信号的波形复杂性能够有效避免发射信号被复制和转发。如前文所述，现有典型无线电近炸引信的体制主要包括连续波多普勒、脉冲多普勒、调频连续波、频率捷变、超宽带等，表1－2对这些典型体制的优、缺点进行了总结。可见，单一体制的无线电近炸引信虽然在设计原理和工程实现上比较简便，但在应对现代干扰机时均力不从心，难以达到令人满意的抗干扰效果。因此，在这些基本体制上进行扩展或将多种体制复合，增强波形在不同周期内的随机性，是减少欺骗式干扰影响的一条重要途径。

表 1 – 2　典型无线电近炸引信体制比较

体制	优点	缺点
连续波多普勒	原理简单，容易实现	极易被干扰
脉冲多普勒	能同时获得弹目相对速度信息和距离信息，技术成熟，系统简单	频率单一，容易被干扰机侦收
调频连续波	定距精度高，作用距离大	调制频偏通常较小，各周期信号参数相同，在干扰机干扰频率范围内易被捕获
频率捷变	结合跳频技术，信息冗余度大	干扰机利用宽带数字合成技术可对频点进行同步干扰或选择部分频点干扰
超宽带	脉冲宽度极窄、频谱覆盖范围超宽、功率谱密度小	接收带宽越宽，接收到的干扰信号可能越多

　　基于上述思路，国内外学者对脉冲多普勒、调频连续波和脉冲三种体制上的扩展开展了大量工作。

　　对于脉冲多普勒体制的扩展，主要包括随机码调相脉冲多普勒、随机脉位调制脉冲多普勒以及随机码调相随机脉位复合调制多普勒等[21]。随机码调相脉冲多普勒和随机脉位调制脉冲多普勒均具有较高的距离分辨率和尖锐的距离截止特性，可在作用距离比较大时实现距离测量不模糊。随机码调相随机脉位复合调制多普勒相当于组合了随机码调相脉冲多普勒和随机脉位调制脉冲多普勒的优势，使信号波形变得更加复杂[22]。中国空空导弹研究院张红旗结合脉内脉间相位编码和脉冲压缩技术，设计了一种相位编码的脉冲多普勒信号[23]。为了解决一般伪随机序列可选范围小，容易被敌方破解的问题，于洪海[24]等人又提出了基于 M 序列设计的伪码调相脉冲多普勒信号并分析了其抗干扰性能。周新刚分别对伪码调相与脉冲幅度复合调制引信的抗噪声性能[25]和伪码调相脉冲多普勒引信的固有抗干扰性能[26]进行了研究，指出其性能表现与脉冲宽度和伪码序列长度有关。这也给后续脉冲多普勒体制的扩展研究提供了指导，即可以通过合理设计脉冲宽度和对伪码序列优化达到所期望的抗干扰性能。

对于调频连续波体制的扩展，主要通过调相、调幅或脉冲复合的方式来改变不同周期内信号的特征参数从而提高波形的复杂度。Thomas Moon 设计了一种"Blue 调频连续波"信号[27]，其实质是在调频连续波的基础上使各个周期内的初始载频发生随机跳变，从而减少干扰的影响。陈齐乐设计了一种混沌码调相与线性调频复合调制的信号波形并验证了其抗干扰性能[28]，乔彩霞在其基础上又提出了基于相关旁瓣平均的抗干扰方法[29]，结果表明相比于传统调频引信，其具有更高的距离分辨率和抗欺骗式干扰能力。南京理工大学在调频体制信号的基础上分别开展了伪码调相与线性调频复合调制引信[30,31]以及伪码调相与正弦调频复合调制引信[32-34]的研究，均说明了相比于单一体制，复合体制具有更好的抗干扰表现。除了采用复合体制，还可以从单纯改变信号参数的角度出发来实现信号的特征参数"去周期化"。西安科技大学的何盼盼在其硕士学位论文中提出了一种抗干扰的波形设计方法[35]，用于改变调频信号的斜率以实现波形捷变。王哲设计了一种双调制率的调频引信信号，一方面改善了传统调频信号的距离模糊特性，另一方面能够减少发射信号被转发干扰的影响[36]。类似地，陈齐乐设计了一种相邻周期调制率交替变化的调频引信信号，并结合双通道相关检测方法来提高调频引信抗 DRFM 干扰的能力[37]。

对于脉冲体制的扩展，实质上是通过改变各个周期内脉冲的特征参数来实现的。将固定变化的脉冲参数设计成随机变化的形式，以增强其不确定性。大体上可以从脉内随机调制、脉间随机调制和脉内脉间组合随机调制三个方面进行扩展。比如，脉内随机调制可以对脉内信号的幅值、频率或相位等进行随机调制；脉间随机调制侧重不同周期内的信号参数变化，主要有随机脉冲重复间隔、随机步进频以及随机跳频等；脉内脉间组合随机调制则是根据需要对脉内随机和脉间随机进行双重调制。

除了通过扩展传统体制增加信号的隐蔽性，还可以结合其他技术手段来增加波形的复杂性。文献［38］从阵列设计的角度，在三维天线阵列中引入时间维，提出了基于伪随机时间调制的波形设计方法。将时间序列设计成伪随机参数，天线阵列中的每一个元素都通过伪随机时间序列调制来掩盖波形参数。借助信息理论的思想，文献［39］利用固定平均功率限制的方法对波形设计进行优化，降低其被截获的概率。此外，诸如脉冲分集[40,41]、扩频技术[42]、降低雷达峰值有效辐射功率[43-45]等方法也被尝试用于提高信号的抗干扰能力。

1.4.2.2 接收信号抗干扰技术

接收信号抗干扰是相对于发射信号而言的。如果发射信号的形式比较简单，则其本身容易被复制转发，即便通过一些信号处理手段也很难达到理想的干扰抑制效果。倘若发射信号具有很强的隐蔽性，与干扰信号有明显特征区别，尽管接收机可能也会接收到干扰信号，但却可以利用信号处理手段区分目标回波信号和干扰信号。从接收信号的角度实现抗干扰的大致流程如图 1 - 5 所示，这里的接收信号抗干扰技术主要关注的是通过信号处理方法解决目标信号与干扰信号的识别以及干扰信号的抑制问题。

图 1 - 5 接收信号抗干扰简要流程

在干扰信号识别方面，其核心是找到真实目标回波信号与干扰信号的特征差异。BLARI W D 等人提出从信号幅度上区分干扰信号与目标回波信号[46]，认为虚假目标信号的幅度是恒定的，当真实回波信号的幅度变化符合瑞丽分布时可以识别出干扰信号。显然，这种方法有很大的局限性，且对干扰信号和目标回波信号都有特殊的要求。BERGER S D 在对 DRFM 相位量化的研究中发现[47]，欺骗式干扰的频谱与目标回波频谱的谐波分量不同，可以利用谐波差异识别欺骗式干扰信号。比萨大学的 GRECO M 利用 DRFM 的量化误差，将接收到的信号与预先建立的不包含干扰信号的目标回波信号模型进行匹配检测实现了有源假目标与真实目标的识别[48]，但也指出量化误差受制于系统的量化水平，当量化位数比较多时效果则不尽人意。CHEN V C 提出可根据信号的微多普勒特征对接收信号进行识别[49]。POELMAN A J 从极化域的角度考虑，通过目标和干扰极化方式的差异实现二者的区分[50]。在国内方面，李建勋[51-53]研究了欺骗式干扰信号的分布特征及其统计特征，提出了基于双谱特征识别干扰信号的方法，利用核聚类向量分类器对不同类型的干扰信号进行分类识别。田晓[54]在其学位论文中分别通过信号尺度分解、频域–慢时域二维谱分解和干扰机指纹特征完成了对欺骗式干扰的特征提取和识别。文献［55］也提出了一种基于指纹特征的自适应识别方法。唐娟分析了干扰机的功率放大器的非线性特点[56]，通过奇异谱熵和分段自相关统计值两个特征量实现干扰信号和目标回波信号的区分。杨少奇在时频域内通过提取信号的可分离度和三阶 Renyi 熵对接收信号中的干扰信号进行识别[57]。此外，还有利用双谱分析[58,59]、独立分量检验技术[60,61]、高阶谱分析[62]、神经网络[63-65]、深度学习[66]等方法进行干扰信号和目标回波信号识别的，以期能够根据不同的作战环境对各种干扰信号实现自主识别。总体而言，干扰信号的识别就是借助时频分析、尺度分解等方法，在时域、频域、空域、极化域等多个变化域内寻找目标回波信号与干扰信号的显著特征差异，并将其作为后续干扰抑制方法的先验信息。不过，这些识别方法在实际应用中仍需考虑具体的工作环境和系统的硬件水平。

在干扰信号抑制方面，现有方法大致可分为信号域变换方法、参数化方法和非参数化方法。三种方法的优、缺点总结如图 1–6 所示。信号域变换方法是利用目标回波信号和干扰信号在其他域中的特征差异并结合滤波技术实现的。线性调频的宽带干扰信号，在分数阶傅里叶域中表现为窄带干扰，可以通过陷波将其滤除。比如文献［67］针对调频连续波信号，提出了一种自适应线性预测滤波的干扰抑制方法以对抗速度波门拖引干扰。参数化方法依然要借助时频分析等工具，不同的是，其需要对干扰信号的参数进行估计，然后构造出相应的对消信号来抑制干扰。比如文献 [68] 介绍了一种在分数阶傅里叶域中对干扰信号的参数进行估计并重构的方法；文献 [69，70] 提出了一种基于门限判决的干扰对消技术，同时该方法具有一定的自适应性；文献 [71] 利用目标回波信号和干扰信号的重叠区域和非重叠区域的差异，在重叠区域进行识别，在非重叠区域进行重建，完成对目标回波信号的提取。非参数化方法是在时频分析的基础上，利用诸如小波变换、短时傅里叶变换、希尔伯特 – 黄变换等手段，将接收信号变换到二维时频域中处理，再根据二者的特征差异进行选择性重构。比如文献 [72] 正是利用小波变换和短时傅里叶变换以非参数化方法对干扰信号进行抑制。但是，在低信噪比环境下，非参数化方法的抗噪声表现会有所下降[73]，不利于弱信号的检测。事实上，对于具有较强随机性的发射信号而言，难以定论参数化方法和非参数化方法的优劣。参数化方法在处理随机性强的信号时可以实现较低旁瓣和超分辨处理，但难以解决信号模糊和模型定阶困难的问题；非参数化方法可以减少信号模糊，但信号的随机性又容易使信号处理过程中出现高旁瓣基底[74]。因此，对于复杂波形或采用新体制的发射信号，从信号处理角度抑制干扰信号时，要尽可能地综合参数化方法和非参数化方法的优点来实现满意的抑制效果。

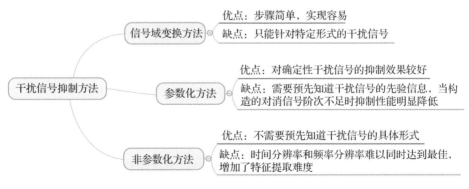

图 1 – 6　三种干扰信号抑制方法的比较

总体而言，接收信号抗干扰技术是依靠干扰信号和目标回波信号的差异，在信号处理层面实现干扰抑制或消除，虽然对于压制型的干扰具有一定的局限性，但在对抗欺骗式干扰方面表现出极大的应用潜力，由此发展出的信号处理方法会限制干扰机的干扰策略，降低干扰效能，增加了其对引信实施干扰的难度。

1.4.2.3　多传感器信息融合技术

多传感器信息融合技术是采用多种工作模式的探测器来提高引信在战场环境中的抗干扰能力，其本质上是多模复合引信。常用于复合的模式有无线电、激光、红外和静电，只有当不同传感器输出的目标回波信号匹配时才能输出起爆信号。目前开展最多的是关于无线电与激光复合的研究。北京理工大学的段亚博博士对激光与无线电复合引信进行了深入研究，给出了总体设计方案并提出了相应的定高算法[75]。文献［76 - 78］也对无线电与激光复合引信的信号处理技术进行了研究。上海无线电设备研究所的刘东芳针对毫米波与静电复合探测引信，重点对引信的目标识别算法以及起爆控制策略进行了研究[79]，提高了脱靶方位探测精度。刘跃龙对无线电/激光、无线电/红外、无线电/静电、毫米波主/被动、激光/静电、无线电/红外/静电六种复合引信的抗干扰表现进行了比较，指出相比于单模引信，双模甚至多模复合引信能有效提高自身对多种干扰的对抗能力[80]。采用多传感器信息融合技术有利于解决干扰机对无线电工作模式的干扰，但同时也应当注意在引信尺寸和体积有限的情况下多传感器结构的合理设计、多信号融合处理、最优工作时序以及环境对不同模式的影响等问题。

1.4.2.4　单传感器多信息融合技术

单传感器多信息融合技术类似信号处理中目标与干扰识别的匹配方法，也可称为单传感器多特征匹配技术，但它侧重的是传感器不同时间输出参数之间的相关性或不同参数之间的相关性检验。比如，当无线电近炸引信的多普勒测速通道输出的速度信息与测距通道输出的距离变化率信息匹配时才可以输出起爆信号。与信号域中的处理不同，单传感器多信息融合技术能将实时参数与历史参数进行比对，因此信息融合算法一般需要保留足够的历史数据，且有高效的数据库作为支撑。就目前的技术水平而言，在引信上实现单传感器多信息融合可能还比较困难，但随着电子系统集成度的提高以及嵌入式系统的持续发展，单传感器多信息融合算法可能会在引信上逐步得到应用。

1.4.2.5　天线选择技术

这里将天线的选择性接收技术和天线的空间选择技术统称为天线选择技术。天线的选择性接收技术是借助一个具有宽波束的辅助天线来抵消干扰通过天线旁瓣进入接收通道的方法。天线的空间选择技术旨在提高引信的空间角度选择能力[2]，尽可能选择具有较高增益、较低旁瓣和较窄波束的收发天线。天线选择技术是为了使引信具有更理想的天线方向图，抑制从引信主天线旁瓣进入的干扰信号。但实际中，难免有部分干扰信号或泄露信号进入引信接收通道从而对引信的性能造成影响，因此，后续还应该与其他信号处理手段结合。此外，天线选择技术的另一个不足是会显著增加硬件设计成本，特别是在引信小型化发展的背景下，留给天线设计的空间本身比较受限，相比之下，采用数字信号处理技术具有更大的经济性和灵活性。

1.4.3　无线电近炸引信抗干扰技术的发展趋势

抑制信息型干扰的本质是对引信接收到的信号进行针对性的选择，这种选择可以发生在信号传输过程中的任意一个阶段，包含了对时间、频率、幅值、相位、空间、极化、信号结构等一种或多种特征的综合选择。通过对无线电近炸引信抗干扰技术措施的梳理可以发现，多传感器信息融合技术会增加引信研发制造的成本，单传感器多信息融合技术在当前硬件水平条件下的实现还有一定难度，从天线角度对干扰信号进行选择虽然减少了从主天线旁瓣进入干扰信号，但对从主瓣进入的干扰信号并不能产生很好的抑制效果。因此，相比之下，在信号域中实施处理是目前最根本，也是可操作性最强的抗干扰措施。从早期的模拟信号处理器到模拟/数字混合信号处理器再到全数字信号处理器，强大的信号处理能力一直是引信发展所追求的重要方面。随着战场环境日益复杂多变，对引信综合性能提高的迫切要求正在推动先进引信技术的快速发展。在强大的信号处理能力的支撑下，引信在信号域中采取的抗干扰方法也会出现以下新的趋势。

（1）波形设计更加复杂。一方面，发射信号的设计会更加重视随机性、非周期性和正交性。随着干扰机越来越智能化，在考虑增强发射信号隐蔽性时势必通过改变信号周期性调制的特点来提高敌方对发射信号侦收的难度。多种体制复合调制将成为引信信号设计发展中的一个重要趋势，它可以有效解决传统单一体制波形简单、易被截获的问题，提高对抗信息型干扰的能力。另一方面，在常规波形设计的基础上强调自适应控制，即结合认知雷达的概念引入波形选择和波形优化，使发射信号的波形可以根据环境、目标及作战条件等实时更新并不断地进行参数调制，从而增强引信的抗干扰能力。

（2）信号处理更加灵活。发射信号随机性的增强会突破传统信号处理的不确定性原理，在给干扰机带来困难的同时也会给自身目标回波信号的处理带来不便，一些经典的信号处理方法可能不再适用。因此，需要采用更加先进的信号处理技术，研究在新型体制下目标的近场特性，提高引信对目标回波信号提取和战场信息获取的能力，实现真实目标与干扰的有效识别。诸如压缩感知、距离向量包络相关、信息理论、深度学习等一些前沿理论和技术也会逐渐用于复杂波形信号的处理。随着全数字信号处理技术的发展，引信信号处理也不再局限于单一的方法，信号处理器运算速度的提升也为更加灵活智能的处理方法提供了可能，这使引信具有更强的目标特征提取能力和信道保护能力。

第**2**章
无线电近炸引信工作原理

2.1 引 言

无线电近炸引信的工作本质是借助无线电信号获取目标信息，按照预设起爆距离输出发火信号并引爆弹药，从而达到毁伤效果。近炸探测模块作为无线电近炸引信工作的先导，其探测精度决定了无线电近炸引信的毁伤效能。针对无线电近炸引信开展的干扰技术，特别是以 DRFM 为代表的信息型干扰，便是利用引信发射的无线电信号产生相应的干扰信号，使引信无法识别出真实目标回波信号与干扰信号，从而造成距离误判，出现"早炸"或失效的现象。因此，精度和抗干扰始终是贯穿无线电近炸引信发展的两大关键问题。欲使无线电近炸引信发挥最大的毁伤效能，首先要理解其基本的工作原理，以便后续开展提高探测精度或抗干扰技术的研究。为此，本章主要对无线电近炸引信系统的基本结构、回波信号模型及定距原理进行介绍。

██ 2.2　无线电近炸引信的基本组成结构

2.2.1　无线电近炸引信的组成分系统

典型无线电近炸引信的组成如图 2-1 所示。其主要组成分系统包含近感探测器、信息处理器、发火电路、电源、安全系统、爆炸序列和触发开关。

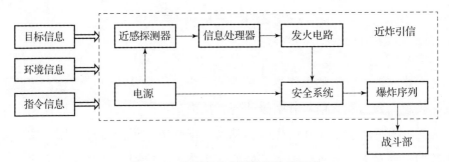

图 2-1　典型无线电近炸引信的组成

近感探测器的功能是探测目标，发射探测信号并获取携带目标信息、环境信息的回波信号。其中，目标距离信息对应从发射的射频信号到接收机接收到目标反射信号之间的时间延时。通过发射合适的调制或相位编码信号，经目标反射后与参考信号混频以提取目标距离信息。比如，在调频连续波近感探测器中，振荡器的频率经线性调制后通过天线发射出去；被目标和环境散射后形成回波信号，另有一小部分发射信号直接进入引信的接收机，两者频率不同，形成所谓的差频，进而成为目标距离测量的依据。

信息处理器的基本功能是根据指令信息，从回波信号中提取目标信息和环境信息，并与指令信息比对后，适时产生发火信号，通过发火电路引爆弹药。信息处理器还可以执行控制引信内部的各项指令，完成早期由硬件控制引信执行的一些功能，比如在合适的时间解除保险装置、在装定器设定的时间内闭锁发火电路、接收信息处理器的指令信号以激活发火电路等。

以调频连续波系统为例，在一个调制波形周期内，信号处理器包含了一个差频的放大滤波器以及用于计数差频的频率计数器。接收到的计数与预设距离对应的计数进行比较，当二者相等时输出发火信号。由于当前引信基本工作在强电磁干扰环境下，信号处理电路可以十分复杂，所以信号处理器也应当具有降低电磁干扰效果的能力。而随着数字信号处理技术的发展，信号处理器的功能也逐渐多样化，在数字信号处理器中可实现对干扰信号的识别、抑制及对目标信息的提取。

发火电路根据来自信息处理器的指令信号点燃起爆器。发火电路是一个门限电路，直到满足门限要求产生动作信号。若在引信工作的整个过程均未达到门限要求，也可以在预设时间之后或由微控制器产生相应的起爆指令。在通常情况下，引信会在接近目标的几秒前被激活，因此可以通过装定器将发火电路的门时钟时间设置在弹药发射后的某个时间。

电源模块主要为引信电子部件或电子模块的正常工作提供电源支持，主要采用物理电源或化学电源。根据无线电近炸引信的工作特点，一般采用远距离接电技术使电源模块开始正常工作。

安全系统用于阻断起爆器与传爆药/爆炸序列之间的路径直到其能够达到解除保险的条件。比如，在防空引信中，需要一个轴向加速度和径向加速度来解除保险装置中的闭锁机构。在经过一个固定延迟之后，爆炸序列与起爆器会处在同一直线处，使炮弹在安全距离（通常距炮口 40 ～ 120 m处）外引爆。

触发开关是为了防止无线电近炸引信的近炸功能不能正常作用而设置的。当无线电近炸引信的近炸功能失效时，触发开关会在引信碰撞到目标时产生一个快速的冲击力使发火电路作用从而引爆弹药。当引信处于安全距离内时，触发开关也应当保持闭锁状态。

2.2.2 自差式无线电近炸引信结构

自差式和外差式是无线电近炸引信最常采用的两种结构，二者的主要区别在于收发系统是否独立。对于传统的常规弹药而言，由于引信空间尺寸的限制，经常采用自差式无线电近炸引信结构。随着引信工作频率的提高，波长的减小有利于减小天线尺寸进而实现收发天线的分离。本节先介绍自差式无线电近炸引信结构。所谓自差式结构，即发射和接收共用一个系统，其组成结构如图2-2所示。

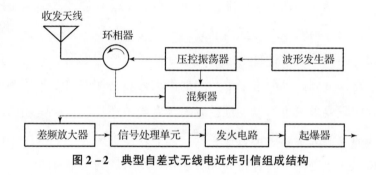

图2-2 典型自差式无线电近炸引信组成结构

基本功能单元主要包括收发天线、发射机、收发机以及信号处理单元。

自差式无线电近炸引信结构的发射功率一般较低，对混频器的性能要求不高，便于实现。

2.2.3 外差式无线电近炸引信结构

外差式无线电近炸引信结构即发射系统和接收系统各自独立，通过差频电路将两通道内的信号进行耦合，其组成结构如图2-3所示。除收发系统独立工作外，其余功能组成与自差式无线电近炸引信结构基本类似。外差式无线电近炸引信结构能够改善自差式无线电近炸引信结构较高的系统噪声，提升系统的灵敏度。对于外差式无线电近炸引信结构，要特别注意泄露信号对引信的影响。由于引信本身体积的限制，外差式无线电近炸引信结构的发射天线和接收天线的距离比较近，在实际工程设计中，往往会在二者之间加入去耦结构以防止泄露信号对接收机造成影响。在后面的章节中，本书会从信号处理的角度来解决外差式无线电近炸引信结构在非理想隔离条件下的信号泄露问题，从而避免引信出现误动作。

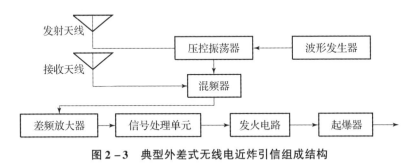

图 2 - 3　典型外差式无线电近炸引信组成结构

2.3　无线电近炸引信回波信号模型

在无线电近炸引信系统中，选择合适的调制波形及适当的频偏对获得高精度的起爆距离具有重要意义。调制方式通常有线性调频、正弦调频和噪声频率调制。波形可选择锯齿波和三角波等。对于无线电近炸引信而言，调频连续波（Frequency Modulated Continuous Wave，FMCW）技术由于占用系统体积小、发射功率要求低、近程测距无盲区等优点而备受青睐。因此，本节以三角波 FMCW 近炸引信为例，对其回波信号模型进行分析。

2.3.1　回波信号时域分析

无线电近炸引信的回波信号组成大致可以由图 2 - 4 表示。其中，目标回波信号用以后续处理解析出目标的距离或速度等信息；噪声等自然环境干扰不可避免地会进入引信的接收通道；人为干扰信号通常指敌方为了降低引信效能而施加的各种信息型或能量型干扰，根据不同引信的不同工作状态，其进入引信的接收通道的时机和影响机理有所差别。

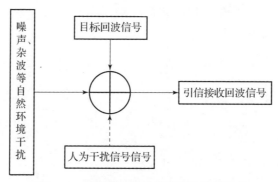

图 2-4   无线电近炸引信的回波信号组成

利用发射信号和接收到的回波信号的频率差值，即差频信号的大小来计算引信与地面或目标间的距离。在实际情况下，弹目之间的相对运动会产生多普勒频移进而对差频造成影响。发射信号、接收信号与相应差频信号的时频关系如图 2-5 所示。在上扫频段，多普勒频移会使差频减小，而在下扫频段，多普勒频移会使差频增大。

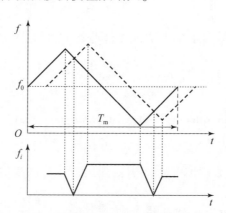

图 2-5   三角波 FMCW 的时频关系

在一个扫频周期内，上扫频段的发射信号可以表示为

$$S_t^+(t) = A_0 \cos\left[2\pi\left(f_0 t + \frac{1}{2}\mu t^2\right) + \phi_0\right] \tag{2-1}$$

式中，A_0 和 ϕ_0 分别是发射信号的振幅和初始相位；f_0 是初始载波频率；μ

是调频斜率，$\mu = 4\Delta F_m/T_m$，其中，ΔF_m 是发射信号的最大频偏，T_m 指一个调制周期。

下扫频段的发射信号可以表示为

$$S_t^-(t) = A_0\cos\left[2\pi\left((f_0 + \Delta F_m)t - \frac{1}{2}\mu t^2\right) + \phi_0\right] \qquad (2-2)$$

由于在三角波调频时，差频信号的频率与传播时间的关系在 $0 < t < T_m/4$ 内观测是有效的，所以在有效的扫频段内，产生的回波信号为

$$S_r(t) = A_0 K_r\cos\left\{2\pi\left[f_0(t-\tau) + \frac{1}{2}\mu(t-\tau)^2\right] + \phi_0 + \varphi_0\right\} \qquad (2-3)$$

式中，K_r 为常量，与信号传播的衰减及反射强度有关；φ_0 代表反射信号产生的附加相位；τ 为回波延迟，$\tau = 2(R_0 - vt)/c = \tau_0 - kt$，其中，$R_0$ 表示初始时刻的弹目距离，v 表示弹目的相对速度。

将式（2-1）与式（2-3）进行混频，得到差拍信号的表达式为

$$S_b(t) = \frac{1}{2}K_r A_0^2\cos\left[\theta(t) - \varphi_0\right] \qquad (2-4)$$

式中，$\theta(t) = 5\pi\left(f_b - \frac{1}{2}\mu_b t^2 + \varphi_b\right)$，$f_b = (1+k)\mu\tau_0 - f_d$，$f_d$ 为多普勒频移，$f_d = 2v/\lambda$，λ 为发射信号的波长。$\mu_b = 2\left(k\mu + \frac{1}{2}\mu k^2\right)$，$\varphi_b = f_0\tau_0 - \frac{1}{2}\mu\tau_0^2$。

从式（2-4）可以看出，经过差频运算后的信号依旧是一个线性调频信号。

2.3.2　回波信号频域分析

在分析回波信号频域特征之前首先需要作如下假设。

（1）瞬时频率与时间的对应关系是理想线性的；

（2）回波信号相位的变化只是由回波延迟引起的，传播介质等外界因素对回波信号相位的影响可以忽略。

假设角频率的扫描速率为 2α，$2\alpha = 2\pi\Delta F_m/T_m$，三角波信号的瞬时相

位为 ϕ_i，则相应的角频率 ω_i 可以表示为

$$\omega_i = \begin{cases} \omega_0 + 2\alpha\left(t_n + \dfrac{T_m}{4}\right), & -\dfrac{T_m}{2} < t_n \leqslant 0 \\[4mm] \omega_0 - 2\alpha\left(t_n - \dfrac{T_m}{4}\right), & 0 < t_n \leqslant \dfrac{T_m}{2}. \end{cases} \qquad (2-5)$$

$$n = 0,1,2,\cdots$$

由于在实际电路中相位是连续的，假设初始时刻 $t = 0$ 时的相位为零，则

$$\phi_i = \int_0^t \omega_i \mathrm{d}t + \text{常数} \qquad (2-6)$$

因此，发射信号瞬时相位可以表示为

$$\phi_i = \begin{cases} \omega_0 t_n + \dfrac{1}{2}\alpha T_m t_n + \alpha t_n^2 + \dfrac{1}{2}n\alpha T_m^2 + n\omega_0 T_m, & -\dfrac{T_m}{2} < t_n \leqslant 0 \\[4mm] \omega_0 t_n + \dfrac{1}{2}\alpha T_m t_n - \alpha t_n^2 + \dfrac{1}{2}n\alpha T_m^2 + n\omega_0 T_m, & 0 < t_n \leqslant \dfrac{T_m}{2} \end{cases} \qquad (2-7)$$

经延时 τ 后，回波信号的相位 ϕ_r 表示为

$$\phi_r = \begin{cases} \omega_0(t_n - \tau) + \dfrac{1}{2}\alpha T_m(t_n - \tau) + \alpha(t_n - \tau)2 + \dfrac{1}{2}n\alpha T_m^2 + \\[2mm] n\omega_0 T_m, \quad -\dfrac{T_m}{2} + \tau < t_n \leqslant \tau \\[4mm] \omega_0(t_n - \tau) + \dfrac{1}{2}\alpha T_m(t_n - \tau) - \alpha(t_n - \tau)2 + \dfrac{1}{2}n\alpha T_m^2 + \\[2mm] n\omega_0 T_m, \tau < t_n \leqslant \dfrac{T_m}{2} + \tau \end{cases} \qquad (2-8)$$

则差频信号的相位差为 $\phi_r - \phi_i$。下面分四种情况对差频信号的相位差进行讨论。

当 $-\dfrac{T_m}{2} < t_n < -\dfrac{T_m}{2} + \tau$ 时，

$$\phi_1 = \omega_0 \tau + \dfrac{5}{2}\alpha \tau T_m + 2\alpha t_n^2 - 2\alpha T_m t_n + \dfrac{5}{4}\alpha T_m^2 - 2\alpha \tau t_n + \alpha \tau^2 \qquad (2-9)$$

当 $-\dfrac{T_\mathrm{m}}{2}+\tau<t_n<0$ 时，

$$\phi_2=\omega_0\tau+\frac{1}{2}\alpha\tau T_\mathrm{m}-\alpha\tau^2+2\alpha\tau t_n \tag{2-10}$$

当 $0<t_n<\tau$ 时，

$$\phi_3=\omega_0\tau+\frac{1}{2}\alpha\tau T_\mathrm{m}-\alpha\tau^2+2\alpha\tau t_n-2\alpha t_n^2 \tag{2-11}$$

当 $\tau<t_n<\dfrac{T_\mathrm{m}}{2}$时，

$$\phi_4=\omega_0\tau+\frac{1}{2}\alpha\tau T_\mathrm{m}-2\alpha\tau t_n+\alpha\tau^2 \tag{2-12}$$

式（2-9）~式（2-12）表明，每一个区间内的相位差为一确定的值。通常在一个调制周期内，存在规则区和不规则区。区间 $\left(-\dfrac{T_\mathrm{m}}{2},\ -\dfrac{T_\mathrm{m}}{2}+\tau\right)$ 和 $(0,\ \tau)$ 为不规则区，由式（2-9）和式（2-11）可知，该区间内的相位差与 t_n 并非正比关系，还与 τ 和 T_m 有关。由于实际中的时间延迟很小，信号频谱在不规则区的分布会很小，难以提取有效的距离信息。因此，在后续的研究中，主要分析规则区 $\left(-\dfrac{T_\mathrm{m}}{2}+\tau,\ 0\right)$ 和 $\left(\tau,\ \dfrac{T_\mathrm{m}}{2}\right)$ 的差频信号。

假设弹目之间无相对运动，发射信号的本振信号电压为 $V_t\sin\phi_t$，回波信号的电压为 $V_r\sin\phi_r$。经混频后，直流项和高阶项会被直接滤除，只有低阶项 $\chi V_t V_r\sin\phi_t\sin\phi_r$ 有意义，其中 χ 为变频常数。利用积化和差公式，可以将低阶项表示为

$$\frac{1}{2}\chi V_t V_r\left[\cos(\phi_t-\phi_r)-\cos(\phi_t+\phi_r)\right] \tag{2-13}$$

$\cos(\phi_t+\phi_r)$ 作为高频分量会被滤除，下面只讨论含有距离信息的低频部分。由式（2-10）和式（2-12），可以得到规则区内的差频信号为

$$F(t) = \frac{1}{2}\chi V_t V_r \cos(\phi_t - \phi_r)$$

$$= \begin{cases} \dfrac{1}{2}\chi V_t V_r \cos\left(\omega_0\tau + \dfrac{1}{2}\alpha\tau T_m - \alpha\tau^2 + 2\alpha\tau t_n\right), & -\dfrac{T_m}{2} + \tau < t_n < 0 \\[3mm] \dfrac{1}{2}\chi V_t V_r \cos\left(\omega_0\tau + \dfrac{1}{2}\alpha\tau T_m + \alpha\tau^2 - 2\alpha\tau t_n\right), & \tau < t_n < \dfrac{T_m}{2} \end{cases}$$

$$(2-14)$$

其傅里叶变换为

$$F(\omega) = \frac{1}{2}\chi V_t V_r \sum_{-\infty}^{\infty} e^{-jn\omega T_m} \int_{-T_m/2}^{T_m/2} \cos(\phi_t - \phi_r) e^{-j\omega t_n} dt_n \qquad (2-15)$$

在区间 $\left(-\dfrac{T_m}{2} + \tau, \ 0\right)$ 内，令 $\beta_1 = \omega_0\tau + \dfrac{1}{2}\alpha\tau T_m - \alpha\tau^2$，$A = \dfrac{1}{2}\chi V_t V_r$。

在区间 $\left(\tau, \ \dfrac{T_m}{2}\right)$ 内，令 $\beta_1 = \omega_0\tau + \dfrac{1}{2}\alpha\tau T_m + \alpha\tau^2$，则

$$F(\omega) \approx A \sum_{-\infty}^{\infty} e^{-jn\omega T_m} \left[\int_{-T_m/2+\tau}^{0} \cos(\beta_1 + 2\alpha\tau t_n) e^{-j\omega t_n} dt_n + \int_{\tau}^{T_m/2} \cos(\beta_2 - 2\alpha\tau t_n) e^{-j\omega t_n} dt_n \right]$$

$$(2-16)$$

式 (2-16) 中的第一项积分为

$$F_1(\omega) + F_2(\omega) = \frac{1}{2}\left(\frac{T_m}{2} - \tau\right) Sa \frac{(\omega - 2\alpha\tau)(T_m/2 - \tau)}{2} \exp\left\{j\left[\omega_0\tau + \omega\left(\frac{T_m}{2} - \tau\right)\middle/2\right]\right\}$$

$$+ \frac{1}{2}\left(\frac{T_m}{2} - \tau\right) Sa \frac{(\omega + 2\alpha\tau)(T_m/2 - \tau)}{2} \exp\left\{-j\left[\omega_0\tau - \omega\left(\frac{T_m}{2} - \tau\right)\middle/2\right]\right\}$$

$$(2-17)$$

第二项积分为

$$F_3(\omega) + F_4(\omega) = \frac{1}{2}\left(\frac{T_m}{2} - \tau\right) Sa \frac{(\omega + 2\alpha\tau)(T_m/2 - \tau)}{2} \exp\left\{j\left[\omega_0\tau - \omega\left(\frac{T_m}{2} - \tau\right)\middle/2\right]\right\}$$

$$+ \frac{1}{2}\left(\frac{T_m}{2} - \tau\right) Sa \frac{(\omega - 2\alpha\tau)(T_m/2 - \tau)}{2} \exp\left\{-j\left[\omega_0\tau - \omega\left(\frac{T_m}{2} - \tau\right)\middle/2\right]\right\}$$

$$(2-18)$$

因为 $\displaystyle\sum_{-\infty}^{\infty} e^{-jn\omega T_m} = \omega_m \delta(\omega - k\omega_m)$（$k = \pm 1, \ \pm 2, \ \cdots$），所以有

$$F(\omega) \approx A\omega_{\mathrm{m}} \sum_k \delta(\omega - k\omega_{\mathrm{m}}) \left[F_1(k\omega_{\mathrm{m}}) + F_2(k\omega_{\mathrm{m}}) + F_3(k\omega_{\mathrm{m}}) + F_4(k\omega_{\mathrm{m}}) \right]$$

$$(2-19)$$

由式（2-19）可以发现，$F(\omega)$ 的频谱也是取样函数，峰值重合位置在

$$\omega = 2\alpha\tau = \frac{8\pi\Delta F_{\mathrm{m}}}{T_{\mathrm{m}}C} = \omega_{B1} = \omega_{B2} = \omega_{B3} \qquad (2-20)$$

当弹目间存在相对运动时，差频信号的频谱将发生变化，由延迟的计算公式 $\tau = 2(R_0 - vt)/c$，可知延迟 τ 不再是常量，因此，此时频谱包络峰值对应的 ω 值可通过对式（2-10）和式（2-12）的微分求得，同时还应含有多普勒频移，即

$$\omega = \begin{cases} \left(\omega_0 + \dfrac{1}{2}\alpha T_{\mathrm{m}} - 2\alpha\tau + 2\alpha t_n\right)\left(-\dfrac{2v}{c}\right) + 2\alpha\tau, \ -\dfrac{T_{\mathrm{m}}}{2} + \tau < t_n < 0 \\[4mm] \left(\omega_0 + \dfrac{1}{2}\alpha T_{\mathrm{m}} + 2\alpha\tau - 2\alpha t_n\right)\left(-\dfrac{2v}{c}\right) + 2\alpha\tau, \ \tau < t_n < \dfrac{T_{\mathrm{m}}}{2} \end{cases}$$

$$(2-21)$$

综合以上分析，时间延迟 τ 与差频信号中的距离信息是对应的，不同的距离在频谱上对应不同的最大峰值谱线。在工程实际中，通过合理地设计滤波器可以得到最大峰值谱线，而后通过信号处理得到相应的距离信息。但由于频谱上的各条谱线是离散的，所以对于测距系统，总是存在系统的固定误差。谱线间距与调制周期有关，调制周期越大，谱线越密。此外，差频信号的主要能量集中在主瓣宽度为 $4\pi/(T_{\mathrm{m}} - \tau)$ 的包络内，对于近程测距系统，延迟 τ 很小，主瓣的宽度很小，对应的谱线也相对密集。

▓ 2.4　无线电近炸引信定距原理

无线电近炸引信的射频前端可以看作一个小型雷达，因此其定距原理与雷达测距原理基本相似。根据雷达的距离方程，雷达测距与发射机、接

收机、天线、目标及环境等多种因素有关，这些因素正好也常被用于指导雷达的设计。不过，对于无线电近炸引信而言，相比传统雷达测距，还是有一些本质的区别。一方面，相比于近程雷达，无线电近炸引信的工作距离比较小，一般为几米到几十米。在如此小的工作距离条件下，探测目标往往处于发射机的近场范围内，而对于传统雷达系统，目标一般处于远场。这意味着在考虑雷达横截面积时要特别注意其在引信工作环境下的取值。另一方面，角分辨率是雷达系统最基本的要求指标，其决定了雷达发射的最优波长，且传统雷达天线采用窄带波束宽度。而引信天线在大多数应用条件下采用宽带波束宽度，且其波长设置往往要考虑在有限空间内能否实现足够的接收孔径。

2.4.1 无线电近炸引信定距基本原理

根据图 2 - 4，在上扫频段发射信号的频率表达式为

$$f_t = f_0 + \frac{\mathrm{d}f_t}{\mathrm{d}t}t, \ 0 < t < T_\mathrm{m}/4 \qquad (2-22)$$

式中，f_t 表示发射信号频率，则回波信号的频率表达式为

$$f_r = f_t(t-\tau) = f_0 + \frac{\mathrm{d}f_t}{\mathrm{d}t}(t-\tau) \qquad (2-23)$$

因此，可得到差拍频率：

$$f_b = f_t - f_r = \frac{\mathrm{d}f_t}{\mathrm{d}t}\tau \qquad (2-24)$$

式中，$\tau = 2R/c$，另外，

$$\frac{\mathrm{d}f_t}{\mathrm{d}t} = \frac{\Delta F_\mathrm{m}}{T_\mathrm{m}/4} = \frac{4\Delta F_\mathrm{m}}{T_\mathrm{m}} \qquad (2-25)$$

将 τ 和式 (2-2) 代入式 (2-24)，可得距离与差频的表达式为

$$R = \frac{T_\mathrm{m}c}{8\Delta F_\mathrm{m}}f_b \qquad (2-26)$$

考虑多普勒频移，上扫频段为 $f_b^+ = f_b - f_d$，下扫频段为 $f_b^- = f_b + f_d$，则

运动模式下距离的表达式为

$$R = \frac{T_\mathrm{m}c}{16\Delta F_\mathrm{m}}(f_b^+ + f_b^-) \qquad (2-27)$$

式（2-26）和式（2-27）表明，当频偏和调制周期确定时，距离与差频成正比关系。通常，对于差频的测量有以下几种方式。

（1）通过计数器测量差频在一个调制周期内的循环次数；

（2）设计窄带差频滤波器；

（3）采用快速傅里叶变换进行数字估计。

工程上，常采用后两种方式测量差频大小。在利用快速傅里叶变换对差频进行估计时，首先通过采样将连续信号变成离散信号，受制于栅栏效应的影响，信号的实际频率往往落于离散频谱主瓣内峰值谱线与其相邻谱线之间而使差频估计存在误差，为此，要实现精确定距，应尽可能地减小这一误差。

2.4.2　无线电近炸引信的距离分辨率

在了解无线电近炸引信的定距原理之后，需要掌握影响无线电近炸引信定距精度的因素以便更好地对系统进行设计。本小节首先对无线电近炸引信的距离分辨率进行分析。假设以采样频率 f_m 对差频信号进行采样，根据傅里叶分析可知差频的频谱宽度应为 $2f_\mathrm{m}$。因此，为了能够区分两个静止点目标，其对应的差频应当至少相差 $2f_\mathrm{m}$。为了计算距离分辨率，需要借助式（2-26）所示的差频公式。记 Δf_b 为两个相距为 ΔR 的点目标对应的差频差值，根据差频公式，得到

$$\Delta f_b = \frac{8\Delta R \Delta F_\mathrm{m}}{T_\mathrm{m}c} \qquad (2-28)$$

为了计算距离分辨率，假设 Δf_b 取最小值，即 $\Delta f_b = 2f_\mathrm{m}$，则

$$2f_\mathrm{m} = \frac{8\Delta R \Delta F_\mathrm{m}}{T_\mathrm{m}c} \qquad (2-29)$$

又因为 $f_\mathrm{m} = 1/T_\mathrm{m}$，进一步得到

$$\Delta R = \frac{c}{4\Delta F_m} \qquad (2-30)$$

式（2-30）表明，距离分辨率与调制带宽 ΔF_m 成反比，与采样频率无关。对于给定距离分辨率的系统来说，随着炸高的减小，为了保证系统的距离分辨率，应当增加系统的调制带宽。

2.4.3　量化误差对定距的影响

对于差频的测量，一般的引信系统往往采用频率计数器，通过计数中频或差频在一个调制周期内的循环数或半循环数。由于频率的测量以计数的方式进行，所以其具有一定的离散性，这就涉及量化误差。假设循环数为 N，一个调制周期内的差频等于 f/f_m，则式（2-26）所示的差频公式可以写成

$$R = \frac{cf_b}{8\Delta F_m f_m} = \frac{Nc}{8\Delta F_m} \qquad (2-31)$$

因为频率计数器的输出均为整数，得到的距离值应当是 $c/8\Delta F_m$ 的整数倍，所以可以得到由量化误差引起的距离误差应为 $c/8\Delta F_m$。

2.4.4　调频线性度对定距的影响

无线电近炸引信的定距精度同样与信号调制的线性度有关。如果调频信号的调制方式是非线性的，则对于点目标而言，其对应的差频在一个调制周期内将不再是常数，距离精度也会有所下降。如果这种非线性是周期性的，则它对距离精度的影响会更加明显，引信的定距精度会随着距离的增加而线性降低。

$$\Delta R = RL_{in} \qquad (2-32)$$

式中，线性度 L_{in} 定义为相对最小斜率的调频率差值的归一化，即

$$L_{in} = \frac{S_{max} - S_{min}}{S_{min}} \qquad (2-33)$$

式中，S_{max} 和 S_{min} 分别表示最大调频率和最小调频率。

　　如果压控振荡器不是线性的，则 10% 的非线性将比量化误差或由目标运动产生的误差对定距精度的影响更加显著。因此，压控振荡器应当在合理的范围内保持线性。对于 FMCW 系统，通常保持 1%~2% 的线性度。更好的线性度对于引信而言可以保证更高的距离分辨率，也有助于提高引信的电磁对抗能力。

第3章

多参数复合调制信号设计

■ 3.1 引　言

从信号域的角度看，发射信号抗截获和接收信道保护是两种直接有效的提高无线电近炸引信抗欺骗式干扰能力的途径。发射信号抗截获是指发射具有低截获概率的信号，使干扰机难以获取信号参数，无法及时生成有效的干扰信号。这种主动式的抗干扰方法也是无线电近炸引信发展的重要趋势。通过对发射信号的时间、频率、极化、空间等进行选择，不断增强发射信号波形的复杂性和无规律性。其中，频率捷变是频率选择方法中最有效的方法之一。采用频率捷变技术可以提高引信的距离分辨力，增加作用距离，有助于消除二次回波信号和临近无线电近炸引信的同频干扰。根据不同的发射信号，频率捷变探测可分为频率捷变脉冲探测和频率捷变连续波探测。然而，现有针对频率捷变脉冲和频率捷变连续波的研究只是将各周期的载频视为变化参数，一般通过伪随机码控制频率捷变序列的产生。一旦敌方破解了编码序列，这种单一参数变化的发射信号的抗干扰能力便会大打折扣。

FMCW 体制由于具有良好的多普勒容限和信号优势已经被广泛应用于无线电近炸引信的近感探测系统。然而，由于其本质是单一的线性调频信号且特征参数简单，在面对欺骗式干扰信号时，它难以区分目标和外部干扰信号，以致影响了无线电近炸引信的探测性能。为此，鉴于线性调频信号的优势和频率捷变信号的特点，本章在线性调频信号的基础上设计了一种多参数复合调制信号。这里多参数复合调制是指利用两种或多种调制方式控制不同周期内的多个信号参数（如载频、调制周期、调频率等）同时发生改变。与传统单一调制方式不同，本章设计的信号采用脉内线性调频、脉间频率捷变的方式，其也可被视为一种准连续波信号。同时，将信号的脉宽、载波频率、调制频偏作为变量。在跳频选择上，为了增加频率捷变的随机性和复杂性，本书引入混沌映射理论并提出了一种更加适合无线电近炸引信频率捷变序列的混沌映射以及考虑带宽约束的序列生成方法。这避免了在带宽限制条件下传统频率编码需要选择和优化的过程。本书所设计的多参数复合调制信号具有较好的距离分辨力以及速度分辨力，在面对欺骗式干扰信号时表现出良好的真假目标区分能力，有利于对真实目标信息的提取。

■ 3.2　多参数复合调制信号模型

3.2.1　欺骗式干扰信号的假设

设计多参数复合调制信号的出发点是为了抵抗 DRFM 干扰机中的欺骗式干扰，因此，首先要对 DRFM 干扰机的工作原理以及无线电近炸引信接收到的欺骗式干扰信号的相关假设进行说明。

图 3 - 1 所示为 DRFM 干扰机的工作原理。被 DRFM 干扰机截获的引信信号经过下变频输出基带信号，基带信号属于模拟信号，再通过模数转换模块转换成数字信号，随后经量化编码后在存储单元中进行存储。控制单元对截获的引信信号进行分析处理，估计出引信发射信号的载频等特征

参数，控制产生干扰信号。根据干扰控制器的命令，对存储单元中的信号进行幅度、时延调制，译码后经过数模转换变为数字信号，之后经过上变频以及功率合成等技术，利用发射天线将干扰信号转发出去[81]。

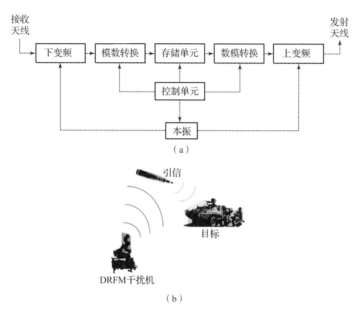

图 3 - 1　DRFM 干扰机的工作原理

（a）DRFM 干扰机的结构；（b）干扰示意

由于采用了直接数字合成变频技术，DRFM 干扰机在带宽内的频率跟踪速度可以达到纳秒级。多个频段的 DRFM 干扰机协同工作时，可以以纳秒级的频率跟踪速度覆盖整个引信的工作范围。DRFM 干扰机的工作本质是复制引信的发射信号，产生与真实的目标回波信号高度相关的干扰信号，使引信在不同距离上产生虚假目标，这种假目标的信号功率通常高于真实目标回波信号，从而在引信的距离维上造成混淆[82]。为了便于对后续信号进行设计、处理和分析，以目前最先进的 DRFM 干扰机为对象，根据 DRFM 干扰机的工作原理，针对其干扰特点对产生的干扰信号做出如下假设。

（1）DRFM 干扰机以最快速的方式对发射信号进行复制，且工作模式为边收边发模式。

（2）DRFM 干扰机距无线电近炸引信的距离远大于探测目标距无线电近炸引信的距离。

（3）由 DRFM 干扰机产生的干扰信号恰好能够进入引信接收通道的距离门。

（4）DRFM 干扰机对当前周期复制的干扰信号从下一个周期开始对引信产生稳定的干扰作用。

3.2.2 基础信号的选择

本书所设计的信号采用线性调频体制和脉冲体制复合调制，因此结合了二者的优点。其本质是进行脉内调制、脉间跳频，同时，改变信号各个周期内的多个信号参数以降低信号特征被 DRFM 干扰机复制的概率。对于调频系统来说，最常采用的信号形式有锯齿形调频和三角波调频。三角波调频的优点是便于实现多普勒补偿、信号处理相对简单。其缺点是在相同频偏和调频率的条件下，周期较长，使载波频率参数的改变缺少灵活性，会给 DRFM 干扰机充足的时间产生干扰信号。相比之下，锯齿形调频信号的周期短，调频速度快，留给干扰机捕获信号参数的时间很少，有利于降低被干扰的概率。鉴于上述优点，本书选择锯齿形调频信号作为多参数复合调制信号的基础信号。

3.2.3 多参数复合调制信号的数学模型

传统锯齿形调频信号如图 3 - 2（a）所示，每个周期内发射信号的参数固定。假设 DRFM 干扰机从第一个信号周期开始复制，由于 DRFM 干扰机距引信较远，第一个干扰信号的时间延迟相对目标回波信号的延迟较长，其差频在第一个信号周期内有明显差异。但是，由于每一个周期持续时间很短，第一个周期内的信号通常不稳定且容易被忽略，上述差异很快会被后续周期的信号淹没从而使稳定周期内的干扰信号和目标回波信号难以区分。要实现干扰信号对目标回波信号没有影响，则必须将它们差频的差异从暂态转变为稳态，即保证它们的差频在各个周期内均存在差异。

　　为解决上述问题，设计一种图 3 - 2（b）所示的发射信号。干扰信号捕获的信号参数通常包括发射信号的载波频率、调频率、调制频偏、调制周期等。要保证信号参数不易被获取，则脉内信号参数在每一个周期内最好各不相同。但是，如果改变的信号参数数量过多，则也会给信号的产生和后期的处理带来不便。因此，综合考虑上述因素，以各周期的载频和脉内信号宽度作为直接调制变量。当硬件电路设计完成后，调频率一般不易改变，脉内信号宽度的改变会直接使调制频偏和调制周期发生改变。因此，调制频偏和调制周期可以视为间接变量，故本书所设计的信号实际上是载频、调制脉宽、调制频偏和调制周期 4 个参数同时发生改变。

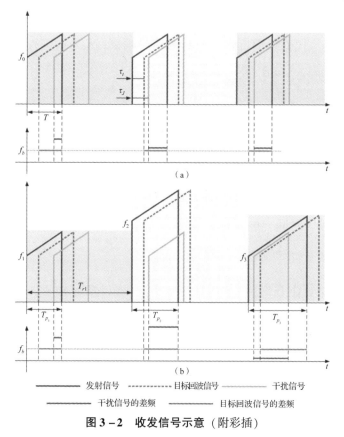

图 3 - 2　收发信号示意（附彩插）

（a）传统锯齿形调频信号；（b）多参数复合调制信号

　　考虑到实际硬件条件，如果脉内信号宽度全部随机变化，电路设计就会变得十分复杂，甚至难以实现。因此，这里考虑将信号调制脉宽按照 $\{T_{p_1}, T_{p_2}, T_{p_3}\}$ 的顺序参差跳变，其中 $T_{p_1} < T_{p_2} < T_{p_3}$，间歇时间为一固定值，这样调制频偏和调制周期也做相应脉间参差。根据本书的研究系统，这里假设 $T_{p_1} = 3$ μs，$T_{p_2} = 4$ μs，$T_{p_3} = 5$ μs，而对于载波频率序列的设计，将在下一小节中详细介绍。

　　根据上述分析，在此先建立多参数复合调制信号的数学模型。由于所设计的信号建立在锯齿形调频信号的基础上，所以在第 i 个周期内的发射信号的数学表达式为

$$s_i(t) = \text{rect}\left(\frac{t - t_i}{T_{pi}}\right) A(t) \exp(j(2\pi f_i(t - t_i) + \pi\mu(t - t_i)^2)) \quad (3-1)$$

式中，$\text{rect}(\cdot)$ 代表矩形函数；$A(t)$ 为信号幅值；f_i 为第 i 个周期的载波频率；μ 为调频率，$\mu = B_i/T_{p_i}$，B_i 为调制频偏；t_i 为

$$t_i = \begin{cases} 0, & i = 1 \\ \sum\limits_{i=1}^{i-1} T_{ri}, & i > 1 \end{cases} \quad (3-2)$$

T_{pi} 和 T_{ri} 分别为第 i 个发射信号的脉宽和调制周期。目标回波信号是发射信号经目标反射后进入引信接收通道的信号，故接收到的目标回波信号可以看作发射信号在时间上的延迟，表示为

$$r_i(t) = \sigma s_i(t - \tau(t_s))$$
$$= \sigma\text{rect}\left(\frac{t - t_i - \tau(t_s)}{T_{p_i}}\right) A(t - \tau(t_s)) \exp(j(2\pi f_i(t - t_i - \tau(t_s))$$
$$+ \pi\mu(t - t_i - \tau(t_s))^2))$$
$$(3-3)$$

式中，σ 为传播损耗系数，其包括了收发天线增益的影响以及路径传播的损耗；$\tau(t_s)$ 表示时间延迟，$\tau(t_s) = 2(R - v_r t_s)/c$，$t_s$ 为慢时间；R 表示引信到目标的距离；v_r 表示二者的相对运动速度，当 $v_r = 0$ 时，有 $\tau_0 = 2R/c$，

c 为光速。

为了便于表示和后续的推导分析，记 $\hat{i} \triangleq t - t_i$，$\tau \triangleq \tau$ (t_s)，同时令 $A_1(\hat{i} - \tau) = \sigma \mathrm{rect}((t - t_i - \tau(t_s))/T_{p_i}) A(t - \tau(t_s))$，则式（3 – 3）简化表示为

$$r_i(t) = A_1(\hat{i} - \tau) \exp(\mathrm{j}(2\pi f_i(\hat{i} - \tau) + \pi\mu\,(\hat{i} - \tau)^2)) \qquad (3-4)$$

根据式（3 – 4），可以写出由 DRFM 干扰机产生的干扰信号。当前周期内若受到稳定的干扰，则根据前述对干扰信号的假设，其载频应当来自上一个周期，因此，第 i 个周期内接收到的干扰信号的表达式为

$$J_i(t) = A_1(\hat{i} - \tau_J) \exp(\mathrm{j}(2\pi f_{i-1}(\hat{i} - \tau_J) + \pi\mu\,(\hat{i} - \tau_J)^2)) \qquad (3-5)$$

式中，τ_J 为干扰信号的延时。

发射信号和接收信号在接收链路中进行混频和下变频，分别得到目标回波信号和干扰信号的中频信号：

$$s_{\mathrm{IF}\_T_i}(t) = [s_i(t)r_i(t)] * h_{\mathrm{L}}(t) \qquad (3-6)$$

$$s_{\mathrm{IF}\_J_i}(t) = [s_i(t)J_i(t)] * h_{\mathrm{L}}(t) \qquad (3-7)$$

式中，$h_{\mathrm{L}}(t)$ 表示低频滤波器的脉冲响应；$*$ 是卷积运算符。

将式（3 – 1）、式（3 – 4）和式（3 – 5）分别代入式（3 – 6）和式（3 – 7），经过时域采样及幅度归一化处理后，得到

$$s_{\mathrm{IF}\_T_i}(n,i) = \exp\left(\mathrm{j}2\pi\left(\tau\mu\,\frac{T_{p_i}}{N}n + f_i\tau\right)\right) \qquad (3-8)$$

$$s_{\mathrm{IF}\_J_i}(n,i) = \exp\left(\mathrm{j}2\pi\left((\tau_J\mu + |f_i - f_{i-1}|)\frac{T_{p_i}}{N}n + f_{i-1}\tau_J\right)\right) \qquad (3-9)$$

式中，N 表示时域采样点的个数。

为了从理论上直观地说明目标回波信号和干扰信号在频谱上的差别，这里采用二维快速傅里叶变换（Fast Fourier Transfor FFT）。对式（3 – 8）作二维 FFT 并进行相应的补零以细化频谱，得到目标回波信号的二维频谱表达式为

$$s_{\mathrm{IF\_}T_i}(x,y) = \sum_{i=1}^{I} \sum_{n=0}^{N_{\mathrm{FFT}}-1} s_{\mathrm{IF\_}T_i}(n,i) \exp\left(-\mathrm{j}2\pi\left(\frac{xn}{N_{\mathrm{FFT}}} + \frac{yi}{I}\right)\right)$$

$$= \sum_{i=1}^{I} \sum_{n=0}^{N_{\mathrm{FFT}}-1} \exp\left(\mathrm{j}2\pi\left(\left(\tau\mu\frac{T_{pi}}{N} - \frac{x}{N_{\mathrm{FFT}}}\right)n - \frac{yi}{I} + f_i\tau\right)\right) \tag{3-10}$$

式中，x，y 分别表示二维频谱上横、纵坐标的位置；N_{FFT} 表示进行二维 FFT 的点数；I 表示发射信号的总脉冲个数。

根据式（3-10），容易得到目标回波信号差频的峰值在横轴上的位置为（$\tau\mu T_{p_i} N_{\mathrm{FFT}}/N$，0）。类似地，可以得到干扰差频信号的二维频谱为

$$s_{\mathrm{IF\_}J_i}(x,y) = \sum_{i=1}^{I} \sum_{n=0}^{N_{\mathrm{FFT}}-1} \exp\left(\mathrm{j}2\pi\left(\left((\tau_J\mu + |f_i - f_{i-1}|)\frac{T_{p_i}}{N} - \frac{x}{N_{\mathrm{FFT}}}\right)n - \frac{yi}{I} + f_{i-1}\tau_J\right)\right)$$

$$\tag{3-11}$$

则干扰信号的差频峰值在横轴上的位置为（$(\tau_J\mu + |f_i - f_{i-1}|)T_{pi}N_{\mathrm{FFT}}/N$，0）。对比目标差频和干扰差频峰值位置可以发现，当发射信号的信号参数确定时，目标回波信号的差频在二维频谱上的位置随之确定。由于所设计信号的脉宽只在三个参数之间变化，所以目标回波信号的差频峰值分布在与脉宽参数有关的三个位置处。而干扰信号的差频峰值位置除了与脉宽有关外，还受制于脉间跳频间隔 $|f_i - f_{i-1}|$。本书中多参数复合调制信号的跳频序列具有随机性，因此 $|f_i - f_{i-1}|$ 也会呈现随机的特点，这便使干扰信号的差频在频谱上表现出随机分布的状态，从而与目标回波信号的差频产生较大的差异。这也与图 3-2（b）所示的两者差频信号的变化情况吻合。此外，为了增大干扰差频与目标差频的差异，同时使发射信号各个周期内载波频率的变化规律难以确定，提高发射信号抗干扰的能力，脉间跳频的选择至关重要。下一小节将对此重点讨论。

3.3　基于混沌映射的频率捷变序列的选择

3.3.1　发射信号频率捷变的特点分析

根据多参数复合调制信号的数学模型以及目标回波信号和干扰信号的差频位置分布可知,频率捷变序列的选择关系到信号的抗干扰性能。其主要表现在两个方面:一方面在于增强发射信号的隐蔽性,另一方面涉及中频域中干扰信号和目标回波信号的识别。因此,从发射信号设计的角度看,自然希望每个周期内的载波频率各不相同或其规律难以确定,甚至无规律可言。但是,对于实际应用来说,脉间跳频间隔需要有相应的限制。如果脉间跳频间隔过小,会导致相邻周期的载频差别不大,干扰信号虽不会干扰本周期,但却无意干扰下一个周期的信号。因此,频率捷变序列的选择应当具有以下特点。

(1) 兼具随机性与确定性。随机性表现在不同周期的载频应当尽可能无规律地变化,确定性表现在相邻周期的载频变化需要有一定的限制。

(2) 具有良好的自相关和互相关特性。良好的相关性有助于减少引信距离模糊,在提高系统抗干扰能力的同时保持准确的定距能力。

(3) 脉间跳频间隔应当大于两倍的频偏。当相邻周期载频的差值大于前一个周期频偏的 2 倍时,可以通过合理设置信号的分辨率来区分两者的频率,从而保证干扰信号与下一个周期内的目标回波信号产生差异。同时,较宽的脉间跳频间隔有利于抵抗跟踪式干扰,使 DRFM 干扰机难以跟踪各周期的频率转换点。

(4) 载频不应超过带宽限制。毫米波波段本身具有较大的带宽,这给跳变频点的选择提供了有利的空间。但当载频超过系统带宽时,一方面对提高信号的抗截获能力已经没有实质意义,另一方面还会增加滤波器设计的困难，给后续的信号处理造成不必要的麻烦。

3.3.2　基于混沌映射的频率捷变序列选择方案

现有跳频序列的设置方法主要是基于 m 序列、M 序列、Barker 码、相位编码[83]等。这些方法产生的跳频序列通常按照确定重复周期排列，均能表现出良好的自相关和互相关特性[84]。不过，对于带宽确定的系统，上述方法生成的频率捷变序列难以满足脉间跳频间隔最小的要求。为此，本节提出一种结合混沌映射的跳频序列生成方法以满足所设计信号对抗干扰性能的要求。

由混沌映射确定的系统具有良好的伪随机特性、初值敏感性以及轨迹的不可预测性[85]。混沌跳频序列也具有较好的自相关和互相关特性以及比较高的线性复杂度。混沌映射可以分为一维映射、二维映射和复合映射[86-88]。二维映射和复合映射对应的系统虽然具有更强的混沌状态，但映射的产生本身较为复杂。综合考虑无线电近炸引信系统对跳频序列生成的要求和实际应用的复杂程度，相比于二维映射和复合映射，一维映射相对简便且高效，具有比较强的可操作性。现有一维映射对初值有一定的限制，且生成序列的取值范围不便与实际载频一一对应。例如，经典的Logistic 映射的表达式为

$$x_{n+1} = rx_n(1 - x_n) \tag{3-12}$$

式中，r 为分形系数且 $r \in [0,4]$。当 $r \geq 3.57$ 时，系统才处于混沌状态[89]。Logistic 映射作为一维混沌映射中的经典映射，由于操作简便和易控制产生伪随机序列而被广泛应用，但是 Logistic 映射生成的伪随机序列本身处于低混沌状态且其具有较小的李雅普诺夫指数，显然不适合引信跳频序列的产生[90]，给无线电近炸引信的信号设计带来了一定的局限性。为此，本书在 Logistic 映射的基础上通过引入三角函数，提出了一种新的混沌映射，即

$$x_{n+1} = \sin(\pi(rx_n(1 - \tan x_n) + \pi e^{x_n})) \tag{3-13}$$

　　引入三角函数的目的是将混沌序列的取值范围限定在 ［-1，1］区间内。这样做的好处是可以将中心载频置于原点处，同时根据带宽要求便于对应映射的上、下限。式中 πe^{x_n} 项是为了消除原 Logistic 映射中初值不为 0 的限制，使序列的产生更具灵活性。为了说明式 （3-13） 所示的映射相比于 Logistic 映射的优势，图 3-3 和图 3-4 分别给出了 Logistic 映射和本书提出的混沌映射的分岔图以及分布直方图。可以看出，Logistic 映射的混沌状态与分形系数有关，且生成的序列分布在 ［0，1］ 范围内。本书提出的混沌映射的混沌状态不受分形系数的限制，序列的整体分布具有均匀性和随机性。但是，本书提出的混沌映射生成的序列并非直接是最终需要的跳频序列。单纯以映射关系得到的序列还不能满足相邻频点的跳变要求。图 3-5 所示为仿真频点按照本书提出的映射生成的对应序列结果，仿真的工作频率设置在 V 波段内，总带宽为 2 GHz。迭代多次后，将每次迭代的随机数与相应的频率对应，图中的归一化频点是指生成的频率序列与工作中心频率的比值。经过计算，图中虚线标注处依然存在不满足脉间跳频间隔最小的要求，且带宽边界处存在频点密集的现象。因此，对上述混沌映射生成的序列需要进一步优化。

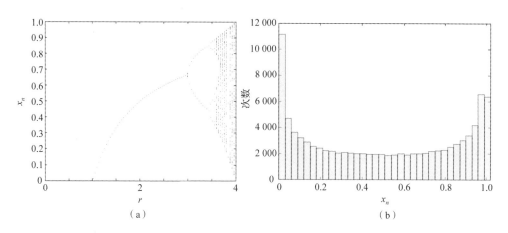

图 3-3　Logistic 映射的分岔图和分布直方图

（a）分岔图；（b）分布直方图

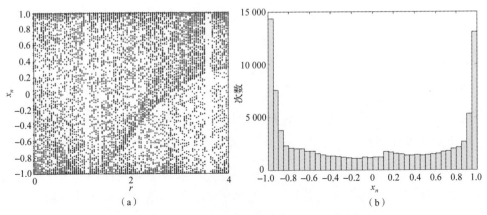

图 3 - 4　本书提出的混沌映射的分岔图和分布直方图

(a) 分岔图；(b) 分布直方图

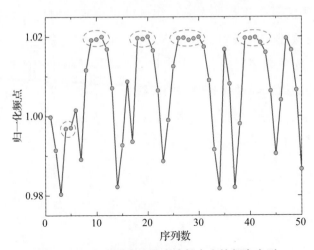

图 3 - 5　本书提出的混沌映射产生的频率序列

　　这里给出的解决方案是在序列迭代过程中加入脉间跳频间隔的约束限制，使当前伪随机数在满足约束条件后进行下一次迭代。具体流程如图 3 - 6 所示。输入的初始参数包括混沌映射的初值、初始中心频率、系统的调频率、脉宽和序列个数。i 和 j 均从 1 开始迭代。f_{up} 代表了系统的带宽上限。参数转化完成映射初值与系统初始工作中心频率的对应关系计算，并将此对应关系作为后续生成的混沌序列与频率捷变序列转换的依据。经过图 3 - 6 中的优化流程，实际上完成了对频率捷变序列的筛选。

一方面对相邻周期的频点跳变间隔进行了约束，另一方面滤除了部分集中在带宽边界处的频点，使最终的频率捷变序列分布更加均匀。

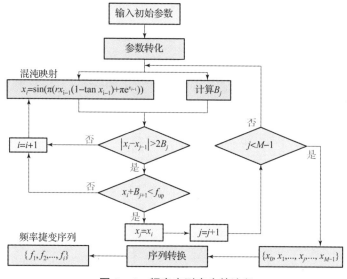

图 3-6　频率序列产生的流程

3.3.3　基于混沌映射的频率捷变序列仿真分析

为了说明本书提出的基于混沌映射的频率捷变序列的优势，本小节对本书的方法进行仿真分析。首先，验证生成的频率捷变序列是否满足之前提出的系统要求；然后，分别计算序列的排列熵和概率密度函数分布，说明序列的复杂度和随机性；最后，对频率捷变序列的平衡性进行比较分析。仿真的基本参数如表 3-1 所示。

表 3-1　仿真的基本参数

参数	取值	参数	取值
中心工作频段	V 波段	$T_{p1}/\mu s$	3
系统带宽/GHz	2	$T_{p2}/\mu s$	4
调频率/($MHz \cdot \mu s^{-1}$)	25	$T_{p3}/\mu s$	5

3.3.3.1 频率捷变序列的最小间隔验证

为便于仿真分析，这里设置序列长度为50，根据前面提出的方法生成新的频率捷变序列，结果如图3-7所示。相比图3-5可以明显地看到，经过优化后的频率捷变序列具有更宽的脉间跳频间隔。由于脉间跳频间隔限制取决于前一个周期的脉宽，而多参数复合调制信号设计的脉宽是按照 $\{T_{p1}, T_{p2}, T_{p3}\}$ 的顺序参差跳变，所以所限制的脉间跳频间隔要求亦遵循相同的规律。计算序列中的每个间隔，得到图3-8所示的结果。结果表明本书提出的方法很好地满足了各个周期的脉间跳频间隔要求，且相比于最小间隔限制，具有更大范围的跳变，使信号各个周期的载波频率更难以被捕获。

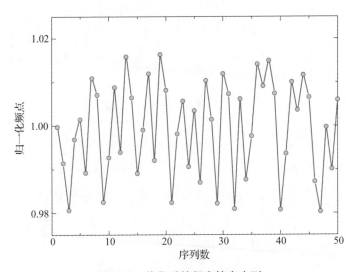

图3-7 优化后的频率捷变序列

事实上，通过结果可以从另一个角度看出本书生成频率捷变序列方法的灵活性。从理论上讲，指定长度序列内任何一个频率都是满足系统要求的。因此，可以根据实际发射信号的持续时间确定序列的长度，不同长度对应的频率捷变序列也不相同。这样的好处在于，一方面，提供了更加广泛的频率选择范围，避免了固定编码对于频率选择的局限性；另一方面，

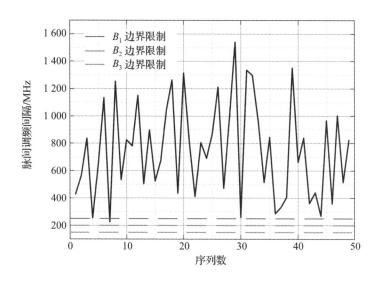

图 3 - 8　脉间跳频间隔变化（附彩插）

发射信号在不同工作条件下的设计具有更大的灵活性，比如，频率捷变序列可以根据设计的信号总长度一次生成，也可以按照截断长度多次生成，通过两种方法得到的序列结果也不一样。

3.3.3.2　频率捷变序列的随机性比较分析

为了定量描述本书提出的混沌映射在随机性上的表现，采用李亚普诺夫指数（以下简称"李氏指数"）来衡量，计算公式如下[91]：

$$\mathrm{LE} = \lim_{n \to \infty} \left(\frac{1}{n} \sum_{i=0}^{n-1} \ln |f'(x_i)| \right) \quad (3-14)$$

式中，$f'(x_i)$ 表示 $f(x_i) = x_{n+1}$ 的一阶导数。当李氏指数大于零时，说明系统处于混沌状态，且数值越大代表随机性越大。在此选取常用的三种混沌映射作为比较对象，即 Logistic 映射、Chebyshev 映射和 Cubic 映射。在选择的分形系数区间内，分别计算上述三种映射以及本书提出的混沌映射的李氏指数，结果如图 3 - 9 所示。Logistic 映射、Chebyshev 映射和 Cubic 映射的李氏指数并非总是大于零。比如，当 $r \geqslant 1.79$ 时，Chebyshev 映射才进入混沌状态。换句话说，由 Logistic 映射、Chebyshev 映射和 Cubic 映射产生的序列的随机性能受限于分形系数的选择。相比之下，本书提出的混沌映射在分形系数的区间内基本上保证李氏指数为正值且具有较大的数值，这说明本书提出的混沌映射避免了分形系数的选择，且生成的序列具有更强的随机性。

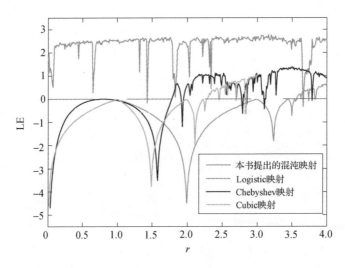

图 3-9   不同映射的李氏指数比较（附彩插）

3.3.3.3   频率捷变序列的复杂性比较分析

在衡量由混沌映射生成序列的复杂性时，通常以近似熵的值作为参考。近似熵值越大，代表序列具有更高的复杂度。在相同的仿真条件下计算上述四种映射的近似熵，其中，分形系数取值为 0.5~4，以步长为 0.5 变化，序列长度设置为 1 000。得到的计算结果如表 3-2 所示。当系统没有进入混沌状态时，近似熵的值十分小，甚至为零，比如 $r=1$ 时，Logistic 映射、Chebyshev 映射和 Cubic 映射的近似熵均为 0。本书所提出混沌映射的近似熵值除了在 $r \geq 3$ 时稍逊色于 Chebyshev 映射外，总体而言较大，这说明它产生的序列的复杂度更高。

表 3 - 2　近似熵随分形系数的变化

r	Logistic 映射	Chebyshev 映射	Cubic 映射	本书提出的混沌映射
0.5	0	2.498×10^{-5}	0	1.514 2
1.0	0	0	0	1.487 3
1.5	4.156×10^{-5}	0.491 2	7.211×10^{-5}	1.419 1
2.0	4.996×10^{-5}	1.167 2	4.996×10^{-5}	1.386 5
2.5	4.996×10^{-5}	1.378 2	0.710 2	1.543 3
3.0	2.498×10^{-5}	1.449 5	1.432 3	1.042 8
3.5	2.498×10^{-5}	1.502 7	1.497×10^{-4}	1.449 3
4.0	0.69	1.561 9	1.248×10^{-4}	1.474 2

3.3.3.4　频率捷变序列的平衡性比较分析

平衡性涉及载波的压缩性能。如果生成的序列是非平衡的，则会引起载波泄漏从而容易造成信息丢失及干扰。平衡性与序列长度有关，通常认为其值小于 0.01 即能满足要求，计算公式如下[92]：

$$\mathrm{BI} = \frac{|X - Y|}{L} \qquad (3 - 15)$$

由于本书提出的混沌映射生成的序列的区间设置为 [-1, 1]，因此，式中 X 表示序列中 0 的个数，而 Y 表示序列中 1 和 -1 的个数。序列长度区间设置为 [500, 3 000]，其他仿真参数与前述相同，则得到的 BI 结果如图 3 - 10 所示。可以看出，由 Cubic 映射生成序列的平衡性数值随序列长度的变化明显大于其他三种映射，且数值远大于 0.01，不利于载波压缩。Chebyshev 映射和本书提出的混沌映射相对接近，但 Chebyshev 映射在一些序列长度下也会出现 BI 值大于 0.01 的情况。本书提出的混沌映射和 Logistic 映射生成序列的 BI 值均小于 0.01，这说明它们均具有较好的平衡性。

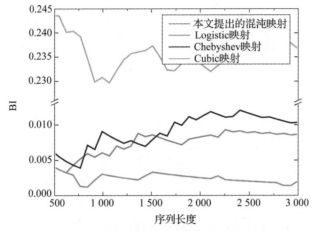

图 3 – 10　不同映射的平衡性比较（附彩插）

3.4　多参数复合调制信号分析

信号设计之后的性能分析是衡量信号设计优劣的必要手段。对于无线电近炸引信而言，探测性能和抗干扰性能是其设计中极受关注的两个方面。针对前面设计的多参数复合调制信号模型，本节借助信号的模糊函数对其在距离和速度分辨力上的表现进行分析，然后探究参数变化对探测性能的影响以及对应模糊函数的统计特征。最后，说明多参数复合调制信号在识别目标回波信号和干扰信号方面的优势。

3.4.1　多参数复合调制信号的模糊函数

模糊函数是分析信号分辨力的有力工具，常用来说明信号对目标距离和速度的分辨能力、模糊度、测距精度等问题，是确定信号探测性能的关键。在对本书设计的多参数复合调制信号的性能进行分析之前，有必要对其模糊函数进行推导。根据模糊函数的定义，多参数复合调制信号的模糊函数可以定义为

$$AF(\tau_0, f_d) = \frac{|\chi(\tau_0, f_d)|^2}{|\chi(0,0)|^2} \qquad (3-16)$$

式中，f_d 为多普勒频率，$f_d = 2v_r f_c/c$，f_c 为发射信号的工作中心频率；$\chi(\tau_0, f_d)$ 的计算公式如下：

$$\chi(\tau_0, f_d) = \int_{-\infty}^{\infty} s^*(t)s[t - 2(R - v_r t)/c]\,dt \qquad (3-17)$$

为了便于推导，暂时令式（3-1）中信号的幅值为 1，即 $A(t) = 1$。将式（3-1）代入式（3-17），得到

$$\chi(\tau_0, f_d) = \sum_{i=1}^{I} \sum_{m=1}^{I} R_{i,m}(\tau_0, f_d) \qquad (3-18)$$

式中，$R_{i,m}(\tau_0, f_d)$ 代表第 i 个和第 m 个脉冲间的相关性，表示为

$$
\begin{aligned}
R_{i,m}(\tau_0, f_d) = & \int_{-\infty}^{\infty} \left\{ \text{rect}\left(\frac{t - t_m}{T_{p_m}}\right)\text{rect}\left(\frac{t - \tau_0 + 2v_r t/c - t_i}{T_{p_i}}\right)\exp[-j(2\pi f_m(t \right. \\
& - t_m) + \pi\mu\,(t - t_m)^2)] \cdot \exp[j(2\pi f_i(t - \tau_0 \\
& \left. + 2v_r t/c - t_i) + \pi\mu(t - \tau_0 + 2v_r t/c - t_i)^2)] \right\}dt \qquad (3-19)
\end{aligned}
$$

根据式（3-16）和式（3-18），模糊函数的表达式可以进一步表示为

$$AF(\tau_0, f_d) = \frac{1}{I^2 T_{p_m}^2}\left|\sum_{i=1}^{I}\sum_{m=1}^{I} R_{i,m}(\tau_0, f_d)\right|^2 \qquad (3-20)$$

一般情况下，$|v_r| \ll c$，且这里 i 的次序默认滞后于 m 的次序，即 $m \leqslant i$。因此，式（3-19）可以近似简化为

$$
\begin{aligned}
R_{i,m}(\tau_0, f_d) \approx & \exp[j2\pi(f_m t_m - f_i t_i) + j\pi\mu(t_i^2 - t_m^2 + \tau_0^2)]\exp[j2\pi f_i \tau_0(\mu - 1)] \\
& \cdot \int_{-\infty}^{\infty}\left\{\text{rect}\left(\frac{t - t_m}{T_{p_m}}\right)\text{rect}\left(\frac{t - \tau_0 - t_i}{T_{p_i}}\right)\exp[j2\pi(f_i - f_m + f_d f_i/f_c\right. \\
& \left. + \mu t_m - \mu t_i - \mu\tau_0)t]\right\}dt \\
= & \exp[j2\pi(f_m t_m - f_i t_i) + j\pi\mu(t_i^2 - t_m^2 + \tau_0^2)]\exp[j2\pi f_i \tau_0(\mu - 1)] \\
& \cdot \exp[j2\pi T_{c,i,m}(\tau_0)(f_i - f_m + f_d f_i/f_c + \mu t_m - \mu t_i - \mu\tau_0)] \\
& \cdot T_{p_m} P_{i,m}(\tau_0)\text{sinc}[(f_i - f_m + f_d f_i/f_c + \mu t_m - \mu t_i - \mu\tau_0)T_{p_m}P_{i,m}(\tau_0)]
\end{aligned}
$$

$$(3-21)$$

式中，$T_{c,i,m}(\tau_0)$ 和 $P_{i,m}(\tau_0)$ 分别表示两个脉冲的中心时间和重复比，即

$$T_{c,i,m}(\tau_0) = \frac{1}{2}(\tau_0 + t_i + t_m + T_{p_i}) \qquad (3-22)$$

$$P_{i,m}(\tau_0) = \begin{cases} 1 - \dfrac{1}{T_{p_m}}|\tau_0 + t_i - t_m|, & |\tau_0 + t_i - t_m| \leqslant T_{p_m} \\ 0, & \text{其他} \end{cases} \qquad (3-23)$$

实际上，式（3-23）明确了一个约束条件，即 $|\tau_0 + t_i - t_m| \leqslant T_{p_m}$。这意味着当 $i=m$ 时，有 $|\tau_0| \leqslant T_{p_i}$，此时，对于接收到的目标回波信号，其延迟在发射信号的脉宽内方可得到相应的目标信息，而当 $i \neq m$ 时，第 m 个发射信号的目标回波信号可能进入了第 i 个周期，这时 $R_{i,m}(\tau_0,f_d)=0$，得到的差频将无法表征实际的目标距离。因此，为了保证式（3-21）的物理意义，需在 $|\tau_0| \leqslant T_{p_i}$ 的前提下进行讨论。另外，由于多参数复合调制信号的载频 f_i 必须在给定的带宽内变化，相对于引信工作的中心频率，带宽的范围通常比较小，因此有 $f_i/f_c \approx 1$。因此，式（3-21）可进一步写成

$$\begin{aligned} R_{i,i}(\tau_0,f_d) &= \exp(\mathrm{j}\pi\mu\tau_0^2)\exp[\mathrm{j}2\pi f_i\tau_0(\mu-1)]\exp[\mathrm{j}2\pi T_{c,i,i}(\tau_0)(f_d f_i/f_c - \mu\tau_0)] \\ &\quad \cdot T_{p_i}P_{i,i}(\tau_0)\,\mathrm{sinc}[(f_d f_i/f_c - \mu\tau_0)T_{p_i}P_{i,i}(\tau_0)] \\ &\approx \exp(\mathrm{j}\pi\mu\tau_0^2)\exp[\mathrm{j}2\pi f_i\tau_0(\mu-1)]\exp[\mathrm{j}2\pi T_{c,i,i}(\tau_0)(f_d - \mu\tau_0)] \\ &\quad \cdot T_{p_i}P_{i,i}(\tau_0)\,\mathrm{sinc}[(f_d - \mu\tau_0)T_{p_i}P_{i,i}(\tau_0)] \end{aligned}$$

$$(3-24)$$

式中，

$$T_{c,i,i}(\tau_0) = t_i + \frac{1}{2}(\tau_0 + T_{p_i}) \qquad (3-25)$$

$$P_{i,i}(\tau_0) = \begin{cases} 1 - \dfrac{1}{T_{p_i}}|\tau_0|, & |\tau_0| \leqslant T_{p_i} \\ 0, & \text{其他} \end{cases} \qquad (3-26)$$

则相应的多参数复合调制信号的模糊函数表达式为

$$AF(\tau_0, f_d) = \frac{1}{I^2 T_{p_i}^2} \left| \sum_{i=1}^{I} R_{i,i}(\tau_0, f_d) \right|^2 \qquad (3-27)$$

为了说明多参数复合调制信号的模糊函数图的特点,按照表 3-1 所示的仿真参数画出多参数复合调制信号的模糊函数图。同时,由于多参数复合调制信号采用的是脉内调频、脉间跳频体制,所以为了比较分析,选取 FMCW 信号、线性调频脉冲信号和线性调频跳频信号作为比较对象。其中,四种信号的调频率相同。线性调频脉冲信号各周期的载频和脉宽等参数均保持不变。线性调频跳频信号各周期的脉宽保持不变,仅使频率发生捷变且跳变序列与多参数复合调制信号的频率捷变序列相同。四种信号的模糊函数图如图 3-11 所示。

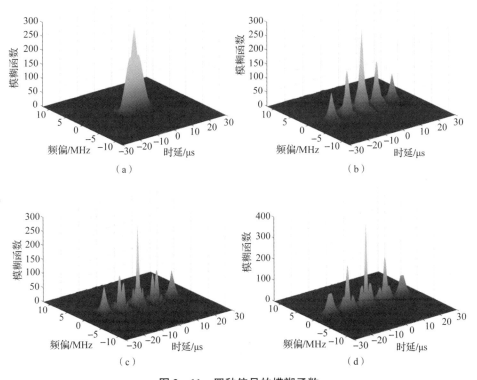

图 3-11 四种信号的模糊函数

(a) FMCW 信号;(b) 线性调频脉冲信号;(c) 线性调频跳频信号;(d) 多参数复合调制信号

从图中可以发现，FMCW 信号模糊函数图的主峰较宽，容易造成距离和速度的耦合，且模糊的旁瓣较大。线性调频脉冲信号由于结合了线性调频体制和脉冲体制的优点，所以其模糊函数图的主峰宽度明显改善，但周期性旁瓣宽度依然较大。线性调频跳频信号和多参数复合调制信号的模糊函数图均具有类似图钉形的尖锐主峰，这表明它们具有出色的分辨特性。然而，线性调频跳频信号的周期性旁瓣依然较高。相比之下，多参数复合调制信号由于多个信号参数的变化降低了信号的周期性旁瓣。这种低的周期性旁瓣决定了多参数复合调制信号具有良好的抗欺骗式干扰的性能。

3.4.2　多参数复合调制信号的距离分辨力分析

借助模糊函数可以对信号的距离分辨力和速度分辨力进行分析，本小节首先分析多参数复合调制信号的距离分辨力。将 $f_d = 0$ 代入式（3-24），得到距离相关函数为

$$R_{i,i}(\tau_0, 0) = \exp(j\pi\mu\tau_0^2)\exp\{j2\pi\tau_0[f_i(\mu-1) - T_{c,i,i}(\tau_0)\mu]\}$$
$$\cdot T_{p_i}P_{i,i}(\tau_0)\text{sinc}[-\mu\tau_0 T_{p_i}P_{i,i}(\tau_0)] \qquad (3-28)$$

然后，根据模糊函数的物理意义，可获得多参数复合调制信号的距离切片表达式为

$$AF(\tau_0, 0) = \frac{1}{l^2 T_{p_i}^2}\left|\sum_{i=1}^{l} R_{i,i}(\tau_0, 0)\right|^2 \qquad (3-29)$$

由式（3-28）和式（3-29）可知，多参数复合调制信号的距离切片受到信号参数 f_i 和 T_{p_i} 的影响，因此 f_i 和 T_{p_i} 的变化可能改变多参数复合调制信号距离切片的主瓣和旁瓣。

为了探究信号参数变化对多参数复合调制信号距离切片的影响，改变 f_i 和 T_{p_i} 的值以观察多参数复合调制信号距离切片的变化情况。需要说明的是，因为多参数复合调制信号本身各个周期的 f_i 和 T_{p_i} 就会发生改变，所以这里主要关注的是对于多参数复合调制信号全局而言，改变 f_i 和 T_{p_i} 整体的变化形式对其距离切片的影响。以表 3-1 中的仿真参数设置作为基准参

数。分别使各周期的脉宽变为原来的 0.5 倍和 1.5 倍，频率捷变序列选取
各周期载频恒定和载频线性步进作为比较对象，得到不同参数条件下多参
数复合调制信号的距离切片图，如图 3 - 12 所示。图 3 - 12（a）~（c）所
示是令多参数复合调制信号的频率捷变序列不变，仅改变各周期脉宽的结
果。图 3 - 12（d）和（e）所示是仅改变频率捷变序列，各周期脉宽与图
3 - 12（b）所示保持一致的结果。

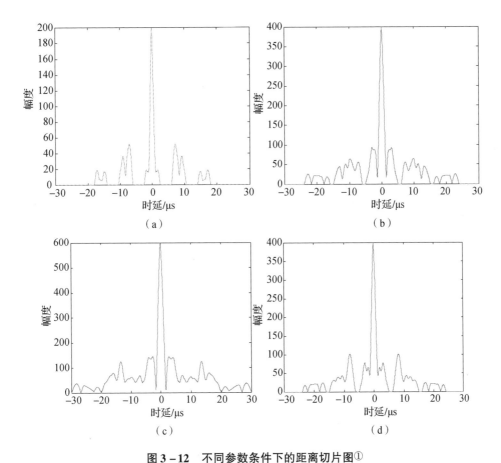

图 3 - 12　不同参数条件下的距离切片图①

（a）0.5 倍脉宽；（b）1 倍脉宽；（c）1.5 倍脉宽；（d）各周期载频不变

① 注：本书部分图中幅度/幅值为无量纲量，故纵坐标无单位标示，后不赘述。

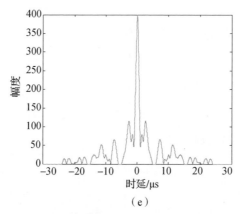

图 3 – 12　不同参数条件下的距离切片图（续）

（e）各周期载频线性步进

　　总体而言，脉宽和载频的变化均会对多参数复合调制信号的距离切片造成影响，这与前面的理论分析是一致的。脉宽的变化会同时改变距离切片的主瓣和旁瓣。脉宽越大，对应的主瓣幅值越大，主瓣形状越尖锐，但同时旁瓣的宽度和幅值越大。增大脉宽虽然能提高系统的距离分辨力，但随之提高的旁瓣也会降低系统的抗干扰性能。因此，在进行信号设计时，并不能一味地增大信号的脉宽。图 3 – 12（b）、（d）和（e）表明，当脉宽保持不变时，频率捷变序列的改变对距离切片的主瓣和旁瓣会造成一定影响，且对旁瓣的影响更大。当载频为线性步进时，虽然其距离切片的主瓣更窄一些，但旁瓣却高于图中的另外两种情形，容易造成距离模糊。相比之下，采用本书提出的基于混沌映射的多参数复合调制信号能够降低周期性旁瓣，有利于消除距离模糊的现象。

3.4.3　多参数复合调制信号的速度分辨力分析

　　类似距离分辨力，当 $\tau_0 = 0$ 时，可以得到速度模糊函数。将 $\tau_0 = 0$ 代入式（3 – 24）有

$$R_{i,i}(0, f_d) = \exp\left[\mathrm{j}2\pi f_d(t_i + T_{p_i}/2)\right] T_{p_i}\mathrm{sinc}(f_d T_{p_i}) \tag{3 – 30}$$

同样，可以得到多参数复合调制信号的速度模糊函数：

$$AF(0, f_d) = \frac{1}{I^2 T_{p_i}^2} \left| \sum_{i=1}^{I} R_{i,i}(0, f_d) \right|^2 \qquad (3-31)$$

根据式（3-30）和式（3-31），相比于多参数复合调制信号的距离模糊函数，其速度模糊函数只受到 T_{p_i} 的影响。为了说明信号参数变化对多参数复合调制信号速度模糊函数的影响，与距离切片类似，采用相同的仿真条件，得到不同参数条件下多普勒频率切片图，如图 3-13 所示。

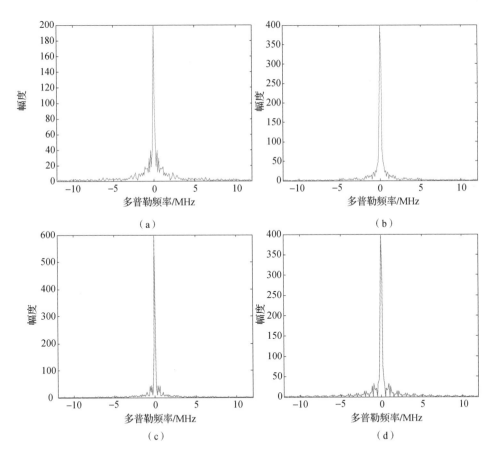

图 3-13 不同参数条件下的多普勒频率切片图

（a）0.5 倍脉宽；（b）1 倍脉宽；（c）1.5 倍脉宽；（d）各周期载频不变

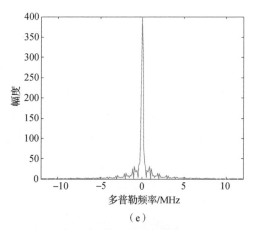

（e）

图 3 – 13   不同参数条件下的多普勒频率切片图（续）

（e）各周期载频线性步进

图 3 – 13 表明，脉宽的变化会对多普勒频率切片的主瓣和旁瓣造成影响。随着脉宽的增加，主瓣同样会变得更加尖锐，旁瓣有所降低，相应的速度分辨力也会提高。而改变载频的变化规律基本不会影响多参数复合调制信号的速度分辨力。图 3 – 13（b）、（d）、（e）中的多普勒频率切片的主瓣基本一致，只是旁瓣略有差别。实际上，这是因为在计算式（3 – 24）时采用了一种近似处理，这种近似处理会使不同载频对应的多普勒频率切片的旁瓣稍有不同，但这种略微差别反映在对速度分辨力的影响时上基本可以忽略。因此，可以认为载频变化不会对多参数复合调制信号的速度分辨力造成影响。

3.4.4   多参数复合调制信号模糊函数的统计特征

通过式（3 – 24）和式（3 – 27）以及对距离模糊函数和速度模糊函数的分析可以看出，多参数复合调制信号的模糊函数受到 f_i 和 T_{p_i} 的影响，由于各个周期内的信号参数总在发生改变，对于不同长度的发射信号，信号参数的变化使模糊函数在延迟 – 多普勒平面上出现随机分布的现象。为了探究信号参数的变化对模糊函数的影响规律，下面对模糊函数的统计特征进行分析。用 $E[AF(\tau_0, f_d)]$ 和 $\mathrm{var}[AF(\tau_0, f_d)]$ 分别表示多参数复合调制信号模糊函数的期望和方差，二者具有如下关系：

$$\mathrm{var}[AF(\tau_0, f_d)] = E[AF^2(\tau_0, f_d)] - \{E[AF(\tau_0, f_d)]\}^2 \quad (3-32)$$

同时，记

$$AF_C(\tau_0, f_d) = P_{i,i}^2(\tau_0)\mathrm{sinc}^2[(f_d - \mu\tau_0)T_{p_i}P_{i,i}(\tau_0)] \quad (3-33)$$

并定义

$$\gamma_{f_i}(\tau_0) = E\{\exp[\mathrm{j}2\pi f_i\tau_0(\mu - 1)]\} \quad (3-34)$$

$$\gamma_{T_{p_i}}(f_d) = E\left\{\exp\left[\mathrm{j}2\pi(f_d - \mu\tau_0)\left(t_i - \frac{1}{2}T_{p_i}\right)\right]\right\} \quad (3-35)$$

在满足 $|\tau_0| \leqslant T_{p_i}$ 的条件下，将式（3-27）代入 $E[AF(\tau_0, f_d)]$ 和 $\mathrm{var}[AF(\tau_0, f_d)]$（具体推导过程参见附录），得到多参数复合调制信号的模糊函数的期望和方差的解析式分别为

$$E[AF(\tau_0, f_d)] = AF_C(\tau_0, f_d)[AF_1(\tau_0, f_d) + AF_2(\tau_0, f_d)]$$
$$(3-36)$$

$$\mathrm{var}[AF(\tau_0, f_d)] = AF_C^2(\tau_0, f_d)[AF_1(\tau_0, f_d) + AF_2(\tau_0, f_d)]^2$$
$$(3-37)$$

式中，

$$AF_1(\tau_0, f_d) = \frac{1}{I} - \frac{1}{I^2}\sum_{i=1}^{I}|\gamma_{f_i}(\tau_0)\gamma_{T_{p_i}}(f_d)|^2 \quad (3-38)$$

$$AF_2(\tau_0, f_d) = \frac{1}{I^2}\left|\sum_{i=1}^{I}\gamma_{f_i}(\tau_0)\gamma_{T_{p_i}}(f_d)\right|^2 \quad (3-39)$$

式（3-36）和式（3-37）表明多参数复合调制信号模糊函数的统计特征主要由 $AF_1(\tau_0, f_d)$ 和 $AF_2(\tau_0, f_d)$ 决定，根据其解析表达式，可以得到以下几条推论。

推论 1：多参数复合调制信号的模糊函数具有原点稳定性，由参数变化导致的模糊函数图抖动发生在延迟-多普勒平面的其他位置处。

证明：考虑模糊函数图的原点处，即 $\tau_0 = 0$，$f_d = 0$。将其代入式（3-38）和式（3-39），有 $AF_1(0,0) = 0$ 和 $AF_2(0,0) = 1$。因此，得到 $E[AF(0,0)] = \mathrm{var}[AF(0,0)] = 1$。这说明多参数复合调制信号模糊函数

在原点处的期望和方差是恒定不变的。当 τ_0 和 f_d 不全为零时，$AF(\tau_0, f_d)$ 会因为信号参数的改变而使 $E[AF(\tau_0, f_d)]$ 和 $\mathrm{var}[AF(\tau_0, f_d)]$ 不为定值，因此由参数改变引起的模糊函数图抖动会出现在延迟 – 多普勒平面的其他位置处，证毕。

推论 2：多参数复合调制信号模糊函数期望的多普勒频率切片主瓣与 $|\gamma_{T_{p_i}}(f_d)|^2$ 的主瓣相同，方差主瓣与 $|\gamma_{T_{p_i}}(f_d)|^4$ 的主瓣相同。

证明：由式（3 – 38）可知，在整个延迟 – 多普勒平面内，$AF_1(\tau_0, f_d) \leq 1/I$。因此，$E[AF(\tau_0, f_d)]$ 的主瓣宽度由 $AF_2(\tau_0, f_d)$ 决定[93]。将 $\tau_0 = 0$ 代入式（3 – 39），得到

$$AF_2(0, f_d) = \frac{1}{I^2} \left| \sum_{i=1}^{I} \gamma_{f_i}(0) \gamma_{T_{p_i}}(f_d) \right|^2 = \frac{1}{I^2} \left| \sum_{i=1}^{I} \gamma_{T_{p_i}}(f_d) \right|^2$$

$$\approx \frac{1}{I^2} |I\gamma_{T_{p_i}}(f_d)|^2 = |\gamma_{T_{p_i}}(f_d)|^2$$

$$(3 - 40)$$

因此，$E[AF(0, f_d)]$ 的主瓣应与 $|\gamma_{T_{p_i}}(f_d)|^2$ 一致。根据式（3 – 37），显然可以得到 $\mathrm{var}[AF(0, f_d)]$ 的主瓣为 $|\gamma_{T_{p_i}}(f_d)|^4$，证毕。

推论 3：多参数复合调制信号模糊函数期望和方差的距离切片主瓣由 $|\gamma_{f_i}(\tau_0)|^2$、发射信号脉宽和总脉冲数共同决定。

证明：类似多普勒切片主瓣的证明过程，将 $f_d = 0$ 代入式（3 – 39），得到

$$AF_2(\tau_0, 0) = \frac{1}{I^2} \left| \sum_{i=1}^{I} \gamma_{f_i}(\tau_0) \gamma_{T_{p_i}}(0) \right|^2$$

$$= \frac{1}{I^2} \left| \sum_{i=1}^{I} \gamma_{f_i}(\tau_0) E[\exp(-j2\pi\mu\tau_0 t_i)] E[\exp(j\pi\mu\tau_0 T_{p_i})] \right|^2$$

$$\approx \frac{1}{I^2} |\gamma_{f_i}(\tau_0) E[\exp(j\pi\mu\tau_0 T_{p_i})]|^2 \left| \sum_{i=1}^{I} E[\exp(-j2\pi\mu\tau_0 t_i)] \right|^2$$

$$(3 - 41)$$

将 t_i 的表达式［即式（3 – 2）］代入 $\sum_{i=1}^{I} E[\exp(-j2\pi\mu\tau_0 t_i)]$，有

$$\sum_{i=1}^{I} E[\exp(-j2\pi\mu\tau_0 t_i)] = 1 + E[\exp(-j2\pi\mu\tau_0 T_{r1})]$$

$$+ \cdots + \prod_{i=1}^{I-1} E[\exp(-j2\pi\mu\tau_0 T_{ri})] \quad (3-42)$$

$$\approx \frac{1 - \{E[\exp(-j2\pi\mu\tau_0 T_{ri})]\}^I}{1 - E[\exp(-j2\pi\mu\tau_0 T_{ri})]}$$

分别记 $\gamma_{T_{pi}}(\tau_0) = E[\exp(j\pi\mu\tau_0 T_{pi})]$，$\gamma_{T_{ri}}(\tau_0) = E[\exp(-j2\pi\mu\tau_0 T_{ri})]$，则式（3-41）可进一步写为

$$AF_2(\tau_0,0) = \frac{|\gamma_{f_i}(\tau_0)\gamma_{T_{pi}}(\tau_0)\{1 - [\gamma_{T_{ri}}(\tau_0)]^I\}|^2}{I^2[1 - \gamma_{T_{ri}}(\tau_0)]^2} \quad (3-43)$$

T_{ri} 本质上取决于 T_{pi}，因此由式（3-43）可以看出，$E[AF(\tau_0,0)]$ 和 $\mathrm{var}[AF(\tau_0,0)]$ 的主瓣由 $|\gamma_{f_i}(\tau_0)|^2$，T_{pi} 和 I 共同决定，证毕。

实际上，推论2和推论3进一步明确了信号参数对多参数复合调制信号速度分辨力和距离分辨力的影响。推论2意味着改变 $\gamma_{T_{pi}}(f_d)$ 会直接改变多普勒频率切片的主瓣宽度。根据式（3-35），当 $\tau_0 = 0$ 时，$\gamma_{T_{pi}}(f_d)$ 与信号脉宽和脉冲数有关，因此通过设置脉宽和脉冲数可以使系统的速度分辨力满足预定要求。类似地，推论3指出 $|\gamma_{f_i}(\tau_0)|^2$、脉宽和脉冲数会影响系统的距离分辨力。根据式（3-34），$\gamma_{f_i}(\tau_0)$ 与多参数复合调制信号的载频有关，因此，多参数复合调制信号的距离分辨力实际上由频率捷变序列、脉宽和脉冲数共同决定，在实际应用中，可以根据引信系统的具体要求进行设置。

3.4.5　多参数复合调制信号的干扰识别能力分析

根据前文对多参数复合调制信号数学模型及模糊函数的分析可以看出，多参数复合调制信号具有消除距离模糊的能力，通过合理的信号参数设置可实现良好的距离分辨力和速度分辨力。与此同时，多参数复合调制信号是否能有效区分目标回波信号和干扰信号也是本书关注的重点。本小节主要对多参数复合调制信号的干扰识别能力进行分析。

　　首先给出传统 LFM 信号的干扰识别情况，分别得到 LFM 体制下目标回波信号差频和干扰信号差频的二维频谱图，如图 3 – 14 和图 3 – 15 所示。这里为了便于表示，只显示出前 6 个周期的信号频谱。观察图中结果发现，干扰信号的差频集中在两个位置，即 5.4 MHz 处和 8 MHz 处。但如前文所述，差频在 8 MHz 的干扰处于接收信号中的第一个周期，通常持续时间很短，很快会被后面周期的信号淹没，因此稳定的干扰差频都集中在 5.4 MHz 左右处。而图 3 – 14 显示真实目标回波信号的差频也处于 5.4 MHz 左右处，显然，目标回波信号差频和干扰信号差频比较接近，在 LFM 体制下，干扰信号能产生具有较强欺骗性的虚假目标，很难区分二者。

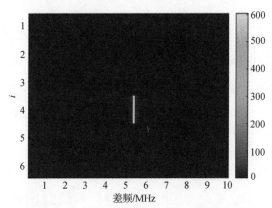

图 3 – 14　LFM 体制下目标回波差频的二维频谱图

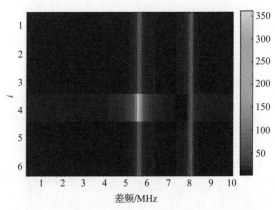

图 3 – 15　LFM 体制下干扰信号差频的二维频谱图

　　对于多参数复合调制信号，其目标回波信号差频和相应的干扰信号差频分别如图 3 – 16 和图 3 – 17 所示。由于设置的脉宽是按照 3 μs，4 μs，5 μs参差跳变的，所以目标回波信号差频会在同一频率处沿图中纵坐标出现在 3 个不同位置，并且相同脉宽在不同周期内的信号会进行叠加。相比之下，图 3 – 17 显示的干扰信号差频受发射信号参数变化的影响分布在不同频率位置，且能量分布各不相同。由于发射信号各个周期多个信号参数的变化，干扰信号与本振信号混频之后的信号频率在不同周期内呈现动态

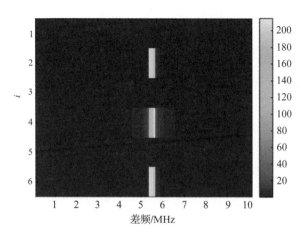

图 3 – 16　多参数复合调制信号的目标回波信号差频

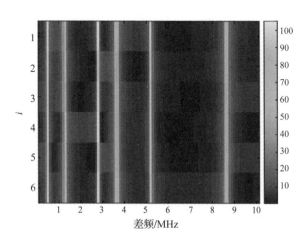

图 3 – 17　多参数复合调制信号的干扰信号差频

变化的现象，且每个周期持续的时间都比较短，这意味着干扰信号对多参数复合调制信号不再产生稳定的干扰作用，其与目标回波信号差频的差异会随着不同周期信号参数的变化而改变，这有利于在数字信号处理过程中利用上述频率的差异将干扰信号识别出来进而达到抵抗干扰的目的。

■ 3.5　多参数复合调制信号测试

3.5.1　测试系统简介

为了检验多参数复合调制信号的性能，在毫米波近感探测器样机上开展相应的测试。本节先简要介绍所用样机的基本组成。测试所选用的毫米波近感探测器样机的组成结构如图3-18所示。接收、发射及本振电路集成在一颗单片片上系统（System on Chip，SoC）芯片中。外部锯齿波或三角波信号输入SoC芯片的压控振荡器（Voltage Controlled Oscillator，VCO），通过相应的倍频器输出指定波段的信号，该信号功分后一部分经分频后输出，用于对芯片内部工作状态进行监控，另一部分传输至发射和接收链路。进入发射链路的射频信号经放大后输出至天线，进入接收链路的射频信号与天线接收到的回波信号进行混频，输出零中频信号并传输至信号处理单元。

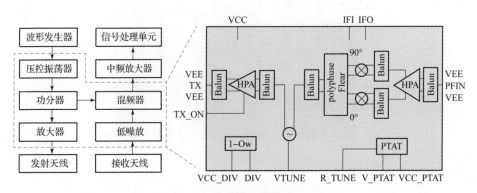

图3-18　近感探测器样机的组成结构

混频之后的信号由于受调制信号的寄生辐射影响会产生寄生调幅，且当弹目相对距离比较大时，差频信号的能量会进一步衰减，甚至会被干扰信号淹没，所以在混频之后应当利用中频放大器提高信号的质量。中频放大器采用完全差分运算放大器，其具有功耗低的特点，可用于对能耗和功率耗要求较高的低功率数据采集系统，可大幅衰减调制信号自身的寄生调幅，减少对差频信号的影响。

测试所选用的信号处理器具有功耗低、运行速度快、芯片尺寸小和可多功能扩展的特点，符合引信对高性能和低成本的要求。测试所选用的微处理器的 CPU 工作频率最大可达 72 MHz，配有的外设组件包括16KB 的数据存储器、32 ~ 64 KB 的 Flash 存储器、多个通用输入/输出接口（General - Purpose Inputs/Outputs，GPIO）和定时器。信号处理器本身具备强大的功能扩展能力，不过，在实际设计和使用时，根据引信的具体功能需求，这里只用到了信号处理器中的 CPU、ADC 模块、GPIO、串行外围接口/内部集成声音接口（Serial Peripheral Interfaces/Inter - integrated sound interfaces，SPI/I2S）、DAC 模块以及内置电源。

实验中，Keil 提供了 C 编译器，可用于程序的编写，通过仿真调试器将近感探测器样机与上位机连接。测试所选用的仿真调试器为 Keil Ulinkpro，上位机的 USB 接口与近感探测器样机可通过其调试及跟踪单元相连，利用独特的流式跟踪技术，可直接加载相应的软件并对程序进行调试和分析，较高的代码完整覆盖率可以保证算法的验证及后续的调试。

3.5.2　多参数复合调制信号波形测试

利用 Keil 软件在上位机中改变近感探测器样机的发射信号各个周期的信号参数。图 3 - 19 所示为多参数复合调制信号波形的实际测试场景。首先测试近感探测器样机的工作电压和电流，判断其是否处于正常工作状态。由图 3 - 19（b）所示电源测试器显示的结果可知，近感探测器样机上电后的电压为 5.04 V，电流为 0.39 A，均在技术指标范围内，这说明近感探测器样机处于正常工作状态。为了检验多参数复合调制信号的特征，利用频谱分析仪测试近感探测器样机的射频信号以检验各周期的频带范围，利用示波器观察近感探测器样机的中频信号以检验各周期时宽变化。作为对比，图 3 - 20 给出了多参数复合调制信号的时域仿真结果。首先，利用频谱分析仪观察近感探测器样机的射频信号，如图 3 - 21 所示。由于频谱分析仪的测试频率限制，无法直接测得近感探测器样机最终的射频信号，这里选择测试 VCO 输出的信号，通过倍频换算检验各周期的频带范围。

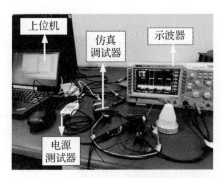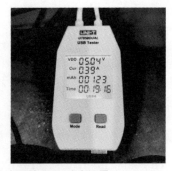

图 3 - 19 多参数复合调制信号波形的实际测试场景

(a) 测试场景；(b) 电源测试器

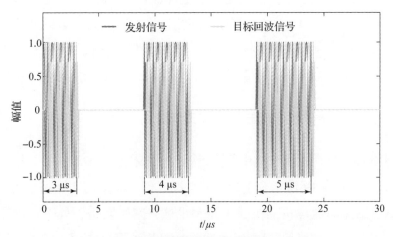

图 3 - 20 多参数复合调制信号的时域仿真结果

（a）

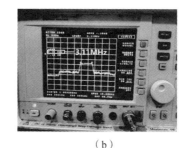
（b）

（c）

图 3 – 21　多参数复合调制信号的射频测试

（a）时宽为 3 μs 的频带测试；（b）时宽为 4 μs 的频带测试；（c）时宽为 5 μs 的频带测试

　　测试所选用的近感探测器样机是在 VCO 之后通过 32 倍的倍频器以达到设定的射频工作频率。根据图 3 – 21 中频谱仪对多参数复合调制信号各个周期的频带测试可知，时宽为 3 μs、4 μs、5 μs 时对应的频带宽度分别为 2.34 MHz、3.11 MHz 和 4.05 MHz。经过 32 倍倍频之后，对应的频带宽度为 74.88 MHz、99.52 MHz 和 129.6 MHz。根据前面设计的多参数复合调制信号，调频率为 25 MHz/μs，在时宽为 3 μs、4 μs 和 5 μs 时理论上的频带宽度应为 75 MHz、100 MHz 和 125 MHz。可见，实际测试的射频信号在各个周期的频宽与理论值基本相符。

　　紧接着，通过示波器观察近感探测器样机的中频信号，得到的结果如图 3 – 22 所示。图中蓝色波形即中频域的差频信号，红色波形是各个周期的扫频时宽，扫频时宽取决于信号的周期宽度。图 3 – 22（b）~（d）所示为对各个扫频时宽的测量结果，示波器上的数值表明各个周期的扫频时宽依次为 3 μs、4 μs 和 5 μs，与设计的多参数复合调制信号是一致的。但观察图 3 – 22（a）发现示波器中的有效差频信号的时宽实际上小于扫频时宽，这是由两方面因素造成的。第一，根据图3－20中多参数复合调制信号的仿真结果可知，回波信号是发射信号在时间上的延迟，有效的差频信号应当出现在扫频时宽内，延迟的存在使差频信号的时宽小于本身的周期。第二，在各个周期的起始段，器件的非线性会有短暂的陡升，这部分与有效的差频信号无关，但会占据一定的时宽。

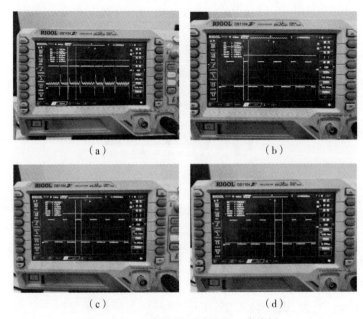

图3－22 中频信号测试结果（附彩插）

（a）多参数复合调制信号的中频测试；（b）时宽为3 μs的测试；

（c）时宽为4 μs的测试；（d）时宽为5 μs的测试

3.5.3 多参数复合调制信号抗干扰性能测试

目前，在衡量引信抗干扰性能好坏方面并未有一个统一的评定准则，针对不同的干扰样式采用的评定准则也不相同。而且，同一干扰机对不同引信施加干扰时，不同引信的抗干扰能力各不相同，同一引信对不同干扰机的抵抗效果也不同。引信的抗干扰性能实际上受到多种因素的影响，这些因素之间的关系往往是比较复杂的，因此，在说明引信的抗干扰性能时首先要指明具体的干扰类型和工作环境，然后选取相应的评定准则。另外，在评价引信的抗干扰性能时一般会对结果进行定性描述，这也是目前引信抗干扰性能评估的特点之一，即具有一定的模糊性，因为影响引信抗干扰的诸多因素本身就具有不确定性和模糊性，所以很难明确引信的抗干扰性能好或坏到什么程度。为此，本小节在对所设计的引信信号进行抗干扰性能的验证时，主要通过与常用的 FMCW 信号进行对比，观察信号在受干扰前后的变化情况，以此定性说明所设计的多参数复合调制信号在抗干扰方面的优势。

根据本书的研究对象，干扰形式为信息型干扰中的欺骗式干扰。测试时利用信号发生器和射频信号源模拟相应的欺骗式干扰信号。抗干扰测试示意如图 3 - 23 所示。其中，信号源的频率设定在近感探测器样机的工作频率范围内，具体测试步骤如下。

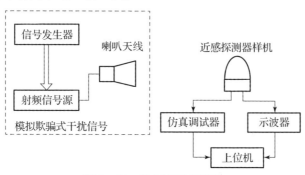

图 3 - 23　抗干扰测试示意

步骤 1：通过上位机设定好近感探测器样机的发射信号参数，使其产生指定类型的发射信号。

步骤 2：固定近感探测器样机与干扰源之间的距离，这里的距离指近感探测器样机到与射频信号源相连的喇叭天线的距离。使近感探测器样机上电工作并将其与示波器连接，观察近感探测器样机的中频信号。

步骤 3：设置空白对照试验，在不加任何干扰的情况下进行数据空采，收集此时的中频信号数据作为对照。

步骤 4：调节射频信号源和信号发生器产生干扰信号（频率设定在近

感探测器样机的工作频率范围内，波形为锯齿波调频信号），持续时间设为 30 s。

步骤 5：观察示波器中信号的变化情况，记录并收集相应的数据。

这里还要说明的是，测试过程中的干扰信号是向空间辐射的，它也会受到干扰源与近感探测器样机间距离的影响，距离越远，衰减越大。这与仿真中直接在接收通道中添加干扰信号是有区别的，因为在实际过程中近感探测器样机可能只接收到小部分干扰信号，故在示波器上的观察可能并不太明显。因此，在测试中要保持除发射信号形式以外的其他条件均相同，以此来说明在同等条件下多参数复合调制信号的抗干扰优势。在设置干扰信号时，遵循前文中的假设，故这里的干扰信号与多参数复合调制信号的第一个周期的信号参数保持一致。由于本测试中的干扰机并非真正意义上的 DRFM 干扰机，只是通过模拟产生相应的干扰信号，所以并没有将干扰源放置在距离引信特别远的位置，这样做的目的是保证干扰信号能够进入引信的接收通道。

图 3-24 所示为发射信号为多参数复合调制信号的空采结果，为了便于观察信号特征，这里只截取了其中一个周期。按照上述步骤对近感探测器样机施加干扰，则干扰条件下示波器上的结果如图 3-25 所示。观察图 3-24 和图 3-25 发现，干扰信号对多参数复合调制信号的中频影响并不明显，这说明多参数复合调制信号具有抗欺骗式干扰的能力。随后，保持干扰的条件不变，仅将发射信号改为 FMCW 信号，其各周期的信号参数与多参数复合调制信号的第一个周期的信号参数保持一致，得到的中频结果如图 3-26 所示。可见，当发射信号为 FMCW 信号时，各个周期均受到干扰信号的影响。由于 FMCW 信号各周期的信号参数与干扰信号基本一致，当干扰信号进入近感探测器样机的接收通道时，在中频域上会产生稳定的干扰。而多参数复合调制信号由于各周期信号参数的改变，干扰信号并不会对中频信号产生稳定的影响。事实上，在测试过程中发现，干扰条件下的多参数复合调制信号的中频结果在示波器上会出现毛刺，但这种毛刺本

身的振幅比较小且并不稳定，图中截取的瞬态结果并不能显示上述动态现象，这种短暂的影响在实时显示的示波器上基本体现不出来。因此，对比图 3 - 25 和图 3 - 26，认为多参数复合调制信号比 FMCW 信号具有更强的抗干扰能力。

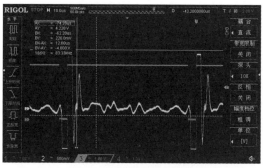

图 3 - 24　无干扰时的中频信号

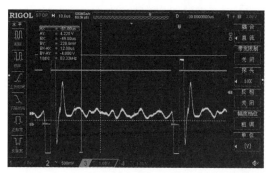

图 3 - 25　干扰条件下多参数复合调制信号的中频结果

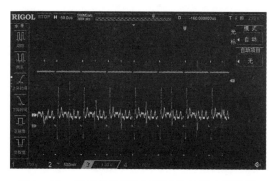

图 3 - 26　干扰条件下 FMCW 信号的中频结果

另外，示波器上显示的是中频信号的时域信息且图 3 – 25 和图 3 – 26 所示也只是某一瞬态的结果。为了更加直观地说明多参数复合调制信号的抗干扰性能，将采集到的中频信号变换到频域，得到图 3 – 27 所示的结果。图中的空采信号依旧作为对照组，从理论上讲，在存在干扰的条件下，中频信号的频谱与空采信号的频谱越接近，代表其抗干扰能力越强。由于在测试过程中近感探测器样机并不是针对某一具体强散射点进行探测，而是向空间中自由辐射，所以混频之后的频谱并不会出现明显的波峰。对比图 3 – 27（a）、（b）可知，发射信号为多参数复合调制信号时得到的中频信号频谱明显与空采信号频谱更加相似，这说明多参数复合调制信号具有更强的抗干扰能力。当发射信号为 FMCW 信号时，中频信号频谱与空采信号频谱出现了较大不同且有多处相似峰值，造成该现象的原因是干扰信号在与本振信号混频之后，形成了虚假的目标，而这种假目标又会在各个周期中稳定存在，所以对频谱产生了比较大的影响。

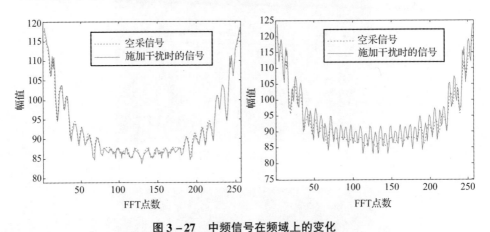

图 3 – 27   中频信号在频域上的变化

（a）发射信号为多参数复合调制信号；（b）发射信号为 FMCW 信号

第 4 章

基于压缩感知的干扰信号抑制算法研究

■ 4.1 引　言

　　无线电近炸引信接收到的信号中往往是目标回波信号、干扰信号和噪声并存，在发射信号设计完成之后，应关注如何从接收信号中将仅带有目标信息的回波信号提取出来，从而抑制干扰信号和噪声，以便后续的信号处理能够准确提取目标的距离信息。多参数复合调制信号具有良好的区分真实目标回波信号和干扰信号的能力，但信号参数的改变在提高无线电近炸引信抗干扰能力的同时，也给回波信号的处理带来不便。多参数复合调制信号的回波信号会表现为非均匀的采样信号。对非均匀采样信号的处理方法可以分为三类，即参数化方法、非参数化方法以及半参数化方法。由于随机性和不确定性原理的限制，非参数化方法会导致信号全局能量的泄漏，增大旁瓣对主瓣的不利影响。参数化方法需要选择合适的模型阶数，在实际应用中难以满足。半参数化方法对信号的稀疏性和类型有比较苛刻的限制。因此，需要选择更加合适的方法对多参数复合调制信号进行处理。

　　压缩感知是近年来兴起的一种采用低采样速率实现大尺度复杂信号编码和恢复的信号处理方法[94-96]，其实现条件要求信号具有稀疏性和相干性。压缩感知的一个显著优势是可以不受奈奎斯特采样定理的限制，在保证信号模型稀疏的前提下，通过少量的观测数据便可以将信号恢复从而提取有效的目标信息[97,98]，它为复杂波形的信号处理提供了一个新的思路。本书中多参数复合调制信号采用的是脉间跳频方式，因此，在信号压缩恢复方面具有天然的优势。为了减少干扰信号对目标回波信号的影响，本章基于压缩感知理论，构建了多参数复合调制信号的压缩感知模型，利用压缩恢复算法只将接收信号中的真实目标回波信号恢复出来，从而达到抑制干扰信号的目的；同时，在提高目标回波信号恢复精度方面，定义了感知信息熵的概念并以此作为判断依据，剔除信号压缩恢复中估计支撑集中的错误原子以减少恢复误差；在提高算法恢复效率方面，推导了干扰条件下无须先验信息的压缩恢复停止准则，并提出结合相关性对获得的字典矩阵进行局部检测从而确保只恢复出期望的目标回波信号。

▒ 4.2　压缩感知基本理论

4.2.1　压缩感知基本原理

给定一个输入信号 $x \in \mathbb{C}^N$，且 x 含有 k 个非零元素。考虑得到 M 个线性测量的观测系统。这一过程在数学意义上可表示为

$$y = Ax + n \tag{4-1}$$

式中，y 是长度为 M 的观测向量，$y \in \mathbb{C}^M$；A 是感知矩阵，$A \in \mathbb{C}^{M \times N}$，反映了 $\mathbb{C}^N$ 到 $\mathbb{C}^M$ 的映射，这里 $M \ll N$；感知矩阵一般可由稀疏字典 Ψ 和测量矩阵 Φ 构成，即 $A = \Phi \Psi$，测量矩阵维数为 $M \times N$；n 表示系统的额外测量噪声，$n \in \mathbb{C}^M$。

压缩感知理论主要涉及三个方面，即信号的稀疏表示、测量矩阵的构造以及恢复算法的选择。信号的稀疏性是前提，测量矩阵是信号恢复的重

要条件，恢复算法是信号压缩恢复的途径[99]。

在压缩感知理论中有两个主要问题，一是如何保证感知矩阵中含有输入信号 x 的大部分信息。约束等距特性（Restricted Isometry Property, RIP）条件[100]和相干性条件[101]都可以用来保证所设计的感知矩阵满足恢复要求。尽管 RIP 保证了 k 阶稀疏信号的恢复，但需要计算约束等距常数，具有显著的计算复杂性。因此，在多数情况下采用矩阵 A 的互相干性来保证信号的恢复，其可以提供一个更加简单的计算方式[102,103]。在确定感知矩阵之后，如何从观测向量 y 中有效地将 x 恢复出来是另一个主要问题。压缩感知经常被视为基于 l_1 范数的最优化问题，信号 x 可以通过 l_1 – 正则最小二乘算法（Regular Least Square, RLS）恢复[104]，即求解

$$\underset{x}{\text{minimize}} \frac{1}{2} \parallel Ax - y \parallel_2^2 + \lambda \parallel x \parallel_1 \qquad (4-2)$$

式中，$\lambda > 0$，是一个正则化参数。但是，当为某一个具体的应用环境选择恢复算法时，除了考虑算法的具体特点外，还要对算法的特性做出权衡。常用的恢复算法有贪婪算法[105-109]、贝叶斯学习算法[110-113]、凸优化算法[114]、非凸优化算法[115]以及基于机器学习的算法[116,117]等。贝叶斯学习算法和基于机器学习的算法由于庞大的计算量和严格的硬件要求，在实际中的应用相对有限。贪婪算法可以作为一种替代算法来解决基于压缩感知的恢复问题，而且在某些方面相比凸集优化更具优势[118]。贪婪算法实际上源于信号近似领域里的贪婪追踪技术。假设初始的估计值 $\hat{x}^0 = \mathbf{0}$，初始残差可以表示为 $r^0 = y$。初始估计的支撑集合，即非零元素的位置索引，为空集 $\Lambda^0 = \varnothing$。在每一次迭代过程中，需要将矩阵 A 中选择的列添加到支撑集 Λ 中，以此更新估计值 $\hat{x}$ 并减少残差 r。

本书后续干扰抑制算法中主要采用的是贪婪算法，影响贪婪算法恢复效果的两个主要因素是原子选择和算法的终止条件，原子选择决定了算法的恢复精度，终止条件会影响算法的运行效率。为此，下面首先介绍现有关于原子选择以及终止条件确定的方法。

4.2.2　压缩恢复过程中的原子选择策略

对于贪婪算法而言，原子选择策略一直是信号压缩恢复过程中被密切关注的问题。所谓原子选择，就是选择感知矩阵中的元素，将其作为支撑集并不断地更新用以恢复输入信号。目前来说，原子选择的策略大致可分为三种。第一种以正交匹配追踪（Orthogonal Matching Pursuit，OMP）为代表，每次只进行单个原子的选择。OMP 算法作为贪婪算法中的经典算法，在压缩感知领域中有着优越的性能[118]。但由于每次迭代中 OMP 算法只选择一个原子，当需要多次迭代以提高恢复精度时，OMP 算法需要巨大的迭代次数以致其难以处理大规模数据。实际上，OMP 算法是一种前向贪婪算法，在迭代中只选择与残差最大程度相关的原子，即在第 s 次迭代时，选择的策略为

$$\Lambda^s = \Lambda^{s-1} \cup \{j^s := \underset{j}{\mathrm{argmax}} \left| \boldsymbol{A}_j^{\mathrm{T}} \boldsymbol{r}^{s-1} \right| / \| \boldsymbol{A}_j \|_2 \} \qquad (4-3)$$

式中，Λ^s 表示在 s 次迭代后 x 的支撑集；$\boldsymbol{A}_j$ 表示含有 $\boldsymbol{A}$ 中对应 j 的位置上的列所组成的矩阵；$(\cdot)^{\mathrm{T}}$ 表示矩阵的转置。OMP 算法虽然不会重复选择同一个原子，但每次只选择一个原子严重制约了其在大尺寸信号上的应用。

第二种是分步选择策略，即不仅选择最大程度相关的原子，还通过阈值进行多个原子的选择，即

$$\Lambda^s = \Lambda^{s-1} \cup \{j^s : \left| \boldsymbol{A}_j^{\mathrm{T}} \boldsymbol{r}^{s-1} \right| / \| \boldsymbol{A}_j \|_2 \geqslant \lambda^s \} \qquad (4-4)$$

式中，λ^s 是第 s 次迭代时的阈值。λ^s 的选择并不唯一。分步正交匹配追踪（Stagewise Orthogonal Matching Pursuit，StOMP）算法[119]、分步弱共轭梯度追踪（Stagewise Weak Gradient Pursuit，StWGP）算法[120] 和正则正交匹配追踪（Regularized Orthogonal Matching Pursuit，ROMP）算法[121] 均采用了类似的思想，区别是它们的 λ^s 的确定依据各不相同。当所有内积低于选定阈值时，StOMP 算法会提前终止导致好坏不一的结果，这便限制了将其扩展到一般的应用场合。StWGP 算法采用分步弱原子选择策略，根据相关

性的值对所有接近最大值的元素进行挑选。ROMP 算法采用的是分组策略，同时进行多原子选择，使每组中选择的元素幅值大致相近。上述三种算法虽然每次选择了多个原子，但没有对选择的非零元素进行筛选或剔除，并不能保证每个原子都是有利于信号恢复的，这导致支撑集中出现错误原子时，其会一直持续到算法结束。缺乏对原子的筛选是影响恢复精度的关键因素。

第三种策略是增加对所选原子的筛选或剔除。其代表算法有压缩采样匹配追踪（Compressed Sampling Matching Pursuit，CoSaMP）算法[122]、子空间追踪（Subspace Pursuit，SP）算法[123] 和前后追踪（Forward - Backward Pursuit，FBP）算法[124,125] 等。CoSaMP 算法和 SP 算法非常相似，在已知信号稀疏度为 k 的情况下，将前 k 个最大的内积所对应的列添加到 $\hat{x}^s$ 的支撑集中以获得一个更大的集合 $\Lambda^{s+0.5}$，再通过求解最优化问题获得一个中间值 $\hat{x}^{s+0.5}$，继而检测之前选择的 k 个原子，得到新的支撑集 Λ^{s+1}。不同于 CoSaMP 算法和 SP 算法，FBP 算法通过扩展和收缩估计的支撑集实现原子的筛选，在每次迭代过程中获得固定数量的原子。在第 s 次迭代时，通过寻找 $\boldsymbol{A}^{\mathrm{T}}\boldsymbol{r}^{s-1}$ 中有限个最大幅值元素得到一个扩展的支撑集，用 $\tilde{\Lambda}^s$ 表示。计算 $\boldsymbol{y}$ 到 $\boldsymbol{A}_{\tilde{\Lambda}}$ 的正交投影的投影系数，然后移除投影系数中幅值最小指标对应的列得到最终的 Λ^s。这种选择策略虽然增加了原子选择的步骤，但从算法整体角度而言提高了算法的性能。在多原子选择过程中确保了选择的支撑集对信号恢复的有效性，可以用更少的迭代次数实现更准确的恢复。

4.2.3　压缩恢复的终止条件

基于贪婪算法实现信号压缩恢复时需要选择合适的终止时机以保证信号恢复的效率。现有的恢复算法终止准则可以分为以下三种。

（1）循环迭代至最大迭代次数后停止[126]；

（2）设置一个最小阈值，使残余能量小于最小阈值时停止[127-129]；

（3）在观测矩阵中的列向量与残余信号不相关时停止[130,131]。

第（1）种条件适用于无噪声环境下的信号恢复情况。迭代次数一般依靠经验设置，最大迭代次数的值过小会使信号恢复不完整，反之会降低算法效率造成存储资源的浪费。第（2）种和第（3）种条件一般分别适用于 l_2 – norm 边界噪声和 l_∞ – norm 边界噪声。上述方法均需要噪声的先验信息或稀疏性，这在实际中通常不易获得。此外，它们的适用情形均限制在单一噪声来源的情况下。当观测信号中含有与待恢复信号具有相关性的干扰信号时，第（3）种条件显然无法作为判别准则，而第（2）种条件中的阈值更是难以确定，无法保证期望信号的完整恢复。

4.2.4　压缩感知处理多参数复合调制信号的可行性分析

压缩感知应用的前提是信号模型具有稀疏性和随机性。对于本书系统而言，它显然是适用的。多参数复合调制信号的稀疏性可以从两个方面解释：从探测目标来说，系统所探测的目标皆为有限个离散的散射目标，在同一距离门内的目标数量一般较少，即便在宽带情况下，目标的主要散射中心数量也是有限的；从发射信号来说，一个调制周期内的信号仅有一部分为脉冲信号，且信号的非零元素一般少于零元素，综合以上两个方面，系统的信号模型可以认为是稀疏的。在随机性方面同样明显满足条件，设计多参数复合调制信号的关键就在于信号参数的随机变化以至于干扰机难以对其进行复制和转发。多参数复合调制信号本质上属于随机调制信号的一种，因此其信号模型具有随机性。综上所述，根据多参数复合调制引信的应用背景及信号形式，压缩感知理论适用多参数复合调制信号的处理。

此外，利用压缩感知处理多参数复合调制信号的一个显著优势是可以以较少的观测数实现信号压缩恢复和参数估计，这是由压缩感知的基本原理决定的。根据这一优势，相比于时宽或带宽限制的传统信号形式，多参数复合调制信号经压缩感知处理后可以通过发射更少的脉冲数来保证相同的探测分辨率，从而有助于降低系统在信号参数估计方面的运算成本。

4.3　基于感知信息熵的原子优化选择策略

在利用压缩恢复算法提取引信接收信号中的真实目标回波信号时，如果支撑集中存在过多的错误原子，其不仅会影响算法追踪效率，还会降低恢复的目标回波信号的精度，进而对后续目标距离信息的准确提取造成影响。为了实现压缩恢复过程中原子的准确选择并加快追踪进程，本节在多原子选择策略的基础上，定义了感知信息熵（Sensing Information Entropy，SIE）的概念并依此对原子选择过程中可能出现的错误原子进行剔除。同时，每次迭代过程中的原子选择数目并不是固定的，具有一定的灵活性。

4.3.1　感知信息熵的定义

在信息理论中，信息熵常被用来描述某种特定信息的出现概率。通常，信息熵越大表示变量具有越大的不确定性。受到其启发，支撑集中原子的选择问题其实也可以看成一种概率问题，只不过本书并不关注具体原子出现的概率，只关心选择的原子对支撑集或信号恢复造成的影响。按照这样的思路，可以认为，当支撑集中全部为所期望的原子时，每一列的信息熵应当维持在一个稳定的区间内。一旦支撑集中出现错误的原子，其所在位置对应的信息熵应当出现异常变化。这种变化的原因是错误原子的引入导致原本期望的支撑集中的不确定性增大。需要说明的是，此时的信息熵已经不具有传统的含义，只是用来衡量支撑集中稳定度的指标。因此，本书将其称为感知信息熵。不过，对于实际的计算方法，依然可以参照经典的信息理论。在定义感知信息熵之前，先回顾信息理论中信息熵的定义。

在第 s 次迭代时，x 的后验分布的信息熵定义为[132]

$$H_s = \frac{1}{2}\mathrm{logdet}(\boldsymbol{C}_s) + \frac{N}{2}\mathrm{log}(2\pi\mathrm{e}) \tag{4-5}$$

式中，e 为指数常数；C_s 为第 s 次迭代时 x 的协方差矩阵。根据 Woodbury 定理[133]，C_s 可由下式计算：

$$C_s = (C_{s-1}^{-1} + B_s^{\mathrm{T}} N_s^{-1} B_s)^{-1} \tag{4-6}$$

式中，$(\cdot)^{-1}$ 表示矩阵的逆。B_s 和 N_s 分别为第 s 次迭代时的压缩矩阵和噪声分布矩阵。值得注意的是，式（4-5）和式（4-6）定义了每次迭代过程中的全局信息。本书的原子选择其实只关注支撑集中局部列的信息，因此，类比上式，下面给出支撑集中感知信息熵的定义，即

$$H_j = \frac{1}{2}\mathrm{logdet}(C_j) + \frac{N}{2}\log(2\pi e) \tag{4-7}$$

式中，C_j 的计算公式为

$$C_j = (a_j^{\mathrm{T}} a_j + a_j^{\mathrm{T}} N_j^{-1} a_j)^{-1} \tag{4-8}$$

式中，a_j 为感知矩阵中指标 j 所对应的列，即 $A = [a_1 \cdots a_j \cdots a_N]$。$N_j = \sigma_j^2 I_M$，其中，$\sigma_j^2$ 为噪声 n 中第 j 列的方差，I_M 是维数为 M 的单位矩阵。式（4-7）和式（4-8）定义了支撑集中局部列的感知信息熵，这也是判断支撑集中是否存在错误原子的重要依据。理论上讲，当支撑集中的感知信息熵出现异常值，即远远偏离其他感知信息熵值时，其所在列即错误原子的位置。

为了说明上述定义的有效性，分别用高斯随机矩阵和伯努利随机矩阵作为感知矩阵，对长度为 500，稀疏度为 10 的信号 x 进行仿真。首先前向选择 a 个原子。在支撑集不含有错误原子和分别含有 1 列、2 列、3 列错误原子的情况下计算感知信息熵。错误原子是用在感知矩阵中内积最小的列来替换支撑集中的正确原子。需要说明的是，由于仿真时本身加入的错误原子较少，为了清楚表达异常值的结果，这里用感知信息熵增 $\Delta H = H_j - H_{j+1}$ 来表示最终的结果。由于错误原子所在位置的感知信息熵出现异常值，所以其前、后相邻位置的感知信息熵增都会出现较大变化，如图 4-1 所示。

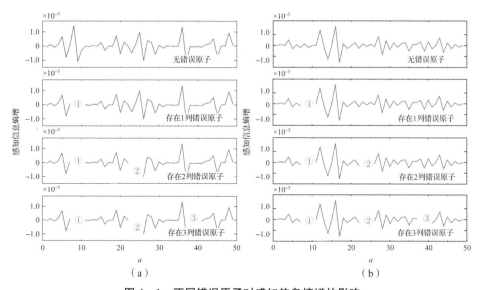

图 4 – 1　不同错误原子对感知信息熵增的影响

（a）感知矩阵为高斯随机矩阵；（b）感知矩阵为伯努利随机矩阵

图中结果表明在替换的位置处，感知信息熵增出现了不连续的现象，这是因为错误原子本身与期望原子的相关性很小，由式（4 - 7）计算得到的值接近无穷小，这里称之为异常值。进一步，分别在不同稀疏度信号的条件下检验式（4 - 7）定义的感知信息熵，假设出现 3 列错误原子且不同稀疏度信号中保持错误原子出现的位置相同，得到的结果分别如图 4 - 2 和图 4 - 3 所示。从图中可以看出，当感知矩阵为高斯随机矩阵时，在不同的稀疏度下，错误原子所对应位置上的感知信息熵增出现了不连续现象。当感知矩阵为伯努利随机矩阵时，在设定的错误原子的位置上依然表现出相似的异常情况。这说明所定义的感知信息熵适用于不同的感知矩阵和不同的稀疏度。因此，根据感知信息熵出现异常这一特点，可以判断错误原子的位置并对原子进行选择和剔除。

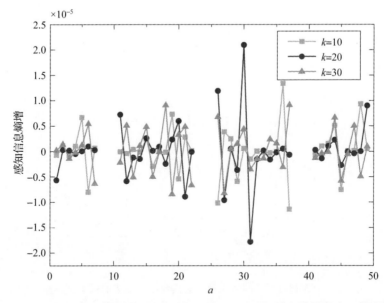

图 4 - 2　感知矩阵为高斯随机矩阵时不同稀疏度对感知信息熵的影响（附彩插）

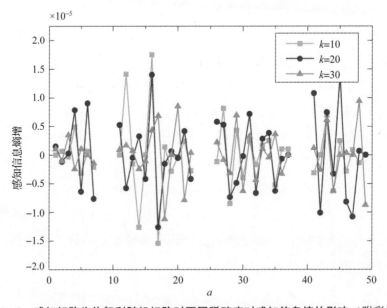

图 4 - 3　感知矩阵为伯努利随机矩阵时不同稀疏度对感知信息熵的影响（附彩插）

4.3.2　基于感知信息熵的原子优化选择

确定错误原子的判断标准之后，本小节给出恢复过程中原子的具体选择过程。本小节所提出的方法如表 4-1 所示。

表 4-1　基于感知信息熵的原子选择策略

算法：原子选择
输入：A，y
定义：a，S
初始化：$\Lambda^0 = \varnothing$，$r^0 = y$，$s = 0$
for s：$= s + 1$ 直到满足终止条件 do
1：　　$\Lambda_f = \underset{j:\,|j|=\alpha}{argmax} \parallel A_j^{\mathrm{T}} r^{s-1} \parallel_1$
2：　　$\tilde{\Lambda}^s = \Lambda^{s-1} \cup \Lambda_f$
3：　　根据式（4-7）计算 H_j
if H_j：$= \infty$ or $\varnothing$ do
i：$\leftarrow j$
4：　　$\Lambda^s = \tilde{\Lambda}^s - \Lambda_i$
5：　　$x_{\Lambda^s}^s = A_{\Lambda^s}^{\dagger} y$
6：　　$r^s = y - A_{\Lambda^s} x_{\Lambda^s}^s$
end for
输出：r^s 和 x^s

其中，S 是最大迭代次数。i 是用来存储 j 中错误原子所在列的位置。确定初始条件之后，首先，在第 s 次迭代时，选择 $A_j^{\mathrm{T}} r^{s-1}$ 中 a 个最大幅值的元素建立前向支撑集 Λ_f，Λ_f 用于扩展 Λ^{s-1} 得到扩展支撑集 $\tilde{\Lambda}^s$。前向支撑集的大小取决于 a，且在系统限制允许的情况下应尽可能大。不过，在扩展支撑集中，考虑到线性独立子集的限制，a 应该小于观测长度以保证

算法的性能，因此，a 的取值可根据文献［124］取［$0.2M$，$0.3M$］。然后，计算扩展支撑集中的感知信息熵，若结果存在异常值，则剔除异常值所在位置的列，进而得到最终的支撑集 Λ^s。最后，通过正交投影更新系数，得到相应的残差和估计的 $\boldsymbol{x}^s$，待算法达到终止条件时停止算法。考虑干扰条件下工作的引信，应当考虑干扰信号对算法终止的影响，这一问题将在后面进行详细讨论。这里仅探究感知信息熵概念的有效性，暂且用终止参数和最大迭代次数共同决定终止条件来保证算法收敛。实际中终止参数通常比较小，可以设置为 $10^{-6}\|\boldsymbol{y}\|_2$ 以保证恢复质量，若 $|r^s| < 10^{-6}\|\boldsymbol{y}\|_2$ 不能满足时则用设置的最大迭代次数停止算法。整个算法的运行流程如图 4-4 所示。

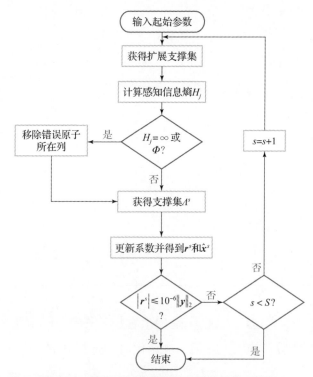

图 4-4　基于感知信息熵的原子选择算法流程

事实上，支撑集 $\tilde{\Lambda}^s$ 决定了感知信息熵的计算，而感知信息熵的概念是从全局数据集出发考虑的。尽管支撑集中的列被视为计算对象，但算法的

计算维度是由 $\tilde{\Lambda}^s$ 限制的，也是和 a 有关的。根据感知信息熵进行错误原子的选择更像对支撑集的优化过程。如果在支撑集中不存在错误原子，那么前向支撑集可直接视为最终的估计支撑集。如果外界噪声或干扰对前向支撑集中的元素产生了影响，则所提出的方法便可以保证估计支撑集的精度从而实现目标信号的准确恢复。这里还要注意，本书所提出的原子选择策略是基于本书定义的感知信息熵，实质上仍依靠原子的相关性，只不过将相关性的条件转换成感知信息熵的计算。由于定义中对数函数的存在，当相关性条件较弱时，会使感知信息熵的值趋近无穷大，这成为原子选择的重要依据。但在实际中可能很难与无穷大进行比较，因此在实际操作过程中可以取一个相对较大的数作为参考，比如初值的 1 000 倍。此外，本书所提出的原子选择策略可以根据实际需要进行适当的调整。例如在噪声很少的环境下或对恢复精度要求不高的情况下，就不需要用感知信息熵进行判断，这时算法就类似 StOMP 算法，只不过选择了更多的原子。基于感知信息熵的原子选择策略实际上提供了一种有利于高稀疏度和更加恶劣环境下对信号恢复的保证。

4.3.3　仿真验证及分析

为了说明本书所提出的基于感知信息熵的原子选择策略的优势，分别通过信号恢复误差、复杂度以及恢复概率对所提方法进行评估。选择现有原子选择方法的典型代表算法，即 OMP 算法、StOMP 算法、CoSaMP 算法以及 FBP 算法，作为比较对象。不失一般性，在不同稀疏度的信号上对各种算法的性能进行比较。

4.3.3.1　恢复误差比较分析

假设输入信号的长度为 500，稀疏度为 10，且非零元素的位置为任意的。感知矩阵为高斯随机矩阵，观测数设置为 256。分别在理想无噪条件下和输入信噪比为 10 dB 的噪声环境下对输入信号的恢复情况进行仿真。最大的循环迭代次数均设置为 10。得到的结果分别如图 4 – 5 和图 4 – 6 所示。从图中可以看出，在无噪声的环境下，由于信号环境相对理想，几种算法都能近乎完美地对输入信号进行恢复，没有产生太大的差别。但在噪声环境下，算法的恢复性能则表现出差异。图 4 – 6 所示的结果显示，在 SNR = 10 dB 的条件下，StOMP 算法的恢复情况与原始信号相差较大。这是因为算法在噪声环境下对支撑集中原子的选择没有进行筛选，由噪声引入的非相关性对原始信号的恢复产生了影响。虽然 StOMP 算法也是一种多原子选择策略，但噪声的影响可能使支撑集中出现不期望的原子。此外，OMP 算法和 FBP 算法的恢复性能较无噪情况也有所下降。用 CoSaMP 算法和用本书所提出的方法恢复出的信号与原始输入信号基本上保持一致。

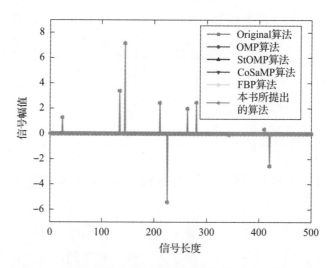

图 4 – 5   无噪环境下恢复信号和原始信号的比较（附彩插）

为了进一步探究噪声对信号恢复的影响，分别在不同 SNR 以及不同稀疏度的条件下对恢复误差进行仿真，恢复误差通过 $\| x^s - x \|_2$ 计算。在每一个条件下，采用蒙特卡洛仿真 1 000 次，对结果取平均值，得到图 4 – 7 所示的结果。

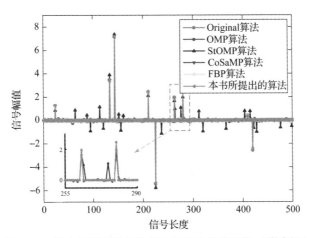

图4-6 噪声环境下恢复信号和原始信号的比较（附彩插）

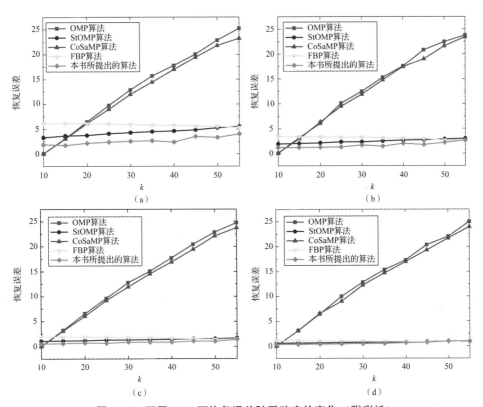

图4-7 不同 SNR 下恢复误差随稀疏度的变化（附彩插）

（a）SNR = 10 dB；（b）SNR = 15 dB；（c）SNR = 20 dB；（d）SNR = 25 dB

　　总体来看，随着 SNR 的提高，算法的恢复误差均有所降低。不同算法对 SNR 和信号稀疏度的敏感度也不太一样。OMP 算法和 CoSaMP 算法受 SNR 的影响变化不大，但信号稀疏度的改变对其恢复误差会造成很大影响。FBP 算法和 StOMP 算法的恢复误差随信号稀疏度的变化很小，但输入的 SNR 对其影响相对较大。比较来看，本书所提出的基于感知信息熵的原子选择恢复方法无论在不同的 SNR 下还是在不同的稀疏度下均表现出了优越性。观察图 4 – 7 可以发现，OMP 算法和 CoSaMP 算法在 $k = 10$ 时的恢复误差相对较好，但随着信号稀疏度的提高，二者的恢复误差显著增大。这是因为 OMP 算法和 CoSaMP 算法本身受到先验条件的限制。OMP 算法和 CoSaMP 算法均需要提前知道输入信号的稀疏度，且整个算法所需的运行次数与稀疏度密切相关，继而影响了恢复精度。当信号的稀疏度比较高时，OMP 算法和 CoSaMP 算法均需要较大的迭代次数来保证相应的恢复精度。图 4 – 7 中的仿真均是在最大迭代次数为 10 的情形下进行的。当输入信号的稀疏度高于 10 时，OMP 算法和 CoSaMP 算法本身需要更大的迭代次数，导致恢复误差显著增大。相较之下，本书所提出的算法不需要稀疏度的先验条件，只关注支撑集中感知信息熵的变化，因此对不同稀疏度的输入信号表现出恢复的稳定性。表 4 – 2 进一步给出了五种方法在输入信噪比为 10 dB，稀疏度分别为 45，50，55 的条件下，恢复误差随最大迭代次数的变化结果。可以看出，对于稀疏度较高的输入信号，OMP 算法和 CoSaMP 算法均需要更大的迭代次数来达到与本书所提出的算法相当的恢复误差，而在较小的迭代次数条件下，本书所提出的算法的恢复误差依然表现出优势。

表 4 - 2　不同稀疏度下算法的恢复误差

k	迭代次数	OMP 算法	StOMP 算法	CoSaMP 算法	FBP 算法	本书所提出的算法
$k=45$	$S=10$	20. 307 3	4. 977 3	19. 076 5	5. 394 1	2. 858 8
	$S=20$	11. 998 0	4. 928 1	10. 894 6	5. 324 6	2. 617 6
	$S=30$	5. 128 7	4. 916 5	5. 071 7	5. 304 1	2. 013 4
	$S=40$	1. 204 8	4. 865 4	1. 014 9	5. 212 6	1. 714 2
$k=50$	$S=10$	22. 782 7	5. 228 0	21. 210 9	5. 454 9	3. 537 6
	$S=20$	14. 483 5	5. 149 7	12. 835 9	5. 438 8	3. 543 4
	$S=30$	8. 106 9	5. 075 4	6. 909 2	5. 435 9	2. 929 6
	$S=40$	2. 873 5	5. 072 0	2. 457 4	5. 372 5	2. 860 5
$k=55$	$S=10$	24. 582 1	5. 553 7	23. 677 4	5. 689 4	4. 249 2
	$S=20$	16. 483 5	5. 511 7	14. 923 4	5. 663 2	4. 191 2
	$S=30$	10. 298 5	5. 490 2	9. 040 1	5. 616 4	3. 951 5
	$S=40$	4. 844 3	5. 426 1	4. 129 6	5. 555 9	3. 650 7

另外，从表 4 - 2 所示的结果可以注意到，在高稀疏度条件下，随着迭代次数的增加，基于感知信息熵方法的恢复误差的变化范围其实并不是很大。这是因为基于感知信息熵的原子选择策略在前期选择了 $[0.2M, 0.3M]$ 范围内的原子数，该前向估计的支撑集本身相对其他算法很大，如果其中没有错误的原子，只需很小的迭代次数即可完成恢复，即便存在错误原子，也能在前几次迭代过程中剔除。因此，当继续增加迭代次数时，其对误差的影响就比较小。

4.3.3.2　复杂性分析

下面分别从计算成本和存储成本的角度分析算法的复杂性。算法的运算与整体的迭代次数、感知矩阵的结构和实际的运行过程有关。由于本书重点关注原子选择对算法复杂度的影响，这里假设感知矩阵采用 FFT 类的矩阵运算，且各个算法的运算量相同，即均为 $O(N\log(M))$。对于 FBP 算法和本书提出的基于感知信息熵的算法的前向选择个数均取 $0.2M$，则在每次迭代过程中，五种算法的计算成本和存储成本比较如表 4 - 3 所示，其中 K 为当前迭代中支撑集的大小。

表 4 - 3　每次迭代的计算成本和存储成本比较

算法	计算成本	存储成本
OMP	$2Mk + M + N + O(N\log(M))$	$2(M+1)k + 0.5k(k+1) + N + O(N\log(M))$
StOMP	$3M + N + k + O(N\log(M))$	$2M + N + 2k + O(N\log(M))$
CoSaMP	$2Mk + N + 2k + 2O(N\log(M))$	$2(M+1)k + N + 2k + 2O(N\log(M))$
FBP 算法	$Mk + 0.2M + N + 2O(N\log(M))$	$(M+1)k + 0.2M + N + 2O(N\log(M))$
本书所提出的算法	$0.2M + N + 2k + O(N\log(M))$	$0.2M + N + 2k + O(N\log(M))$

CoSaMP 算法需要中间估计值 $\hat{x}^{s+0.5}$，FBP 算法在后向选择时需要再次向支撑集中投影，因此它们均涉及两次矩阵计算，即运算量为 $2O(N\log(M))$。本书所提出算法的感知信息熵计算只与当前支撑集的大小有关，因此计算成本的增加也只与 K 有关。此外，相比于 OMP 算法和 CoSaMP 算法，本书所提出算法最大的优势在于不需要过大的迭代次数。从表中可以看出，每次迭代中矩阵向量的计算量虽然固定，但会随着迭代次数的增大而显著增大。OMP 算法和 CoSaMP 算法的迭代次数与稀疏度有关，当信号的稀疏度很高时，OMP 算法和 CoSaMP 算法便需要大量的迭代次数。对于 StOMP 算法和 FBP 算法，虽然也是进行多原子选择，但一般 StOMP 算法每次选择的原子个数受限于阈值的选择，FBP 算法每次保留的原子个数为 $2M-1$。相比而言，本书所提出的方法每次保留的原子个数并不一定，这便使算法更具灵活性和适应性，可以采用更合适的迭代次数以较低的计算成本达到准确恢复信号的目的。

4.3.3.3 不同观测数下的恢复性能分析

下面进一步分析不同观测数下各种算法的恢复性能。分别在稀疏度为10，20，30 的条件下进行仿真，其他的仿真条件如前所述。在同一观测数下对信号进行 1 000 次仿真并统计 1 000 次仿真中成功恢复信号的概率，结果分别如图 4 - 8 ~ 图 4 - 10 所示。这里需要说明的是，由于最大的迭代次数设置为 10，当 $k = 10$ 时，能够满足本书涉及的五种算法的恢复要求，但当稀疏度增高时，OMP 算法和 CoSaMP 算法得到的结果远远偏离要求，甚至不能够成功恢复信号。因此，在图 4 - 9 和图 4 - 10 中，对于 OMP 算法和 CoSaMP 算法，增加了最大迭代次数等于稀疏度时的情况作为对比以便说明算法的恢复性能。

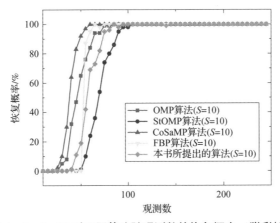

图 4 - 8 $k = 10$ 时不同算法随观测数的恢复概率 （附彩插）

图中结果表明，稀疏度越高，信号中非零元素越多，成功恢复信号需要的观测数便越大。当迭代次数相同时，基于感知信息熵的方法随稀疏度的提高表现出了更好的恢复性能。当迭代次数等于稀疏度时，虽然 OMP 算法和 CoSaMP 算法的恢复概率明显提高，但牺牲了大量的计算成本和存储空间。相比之下，在高稀疏度的条件下，本书所提出的算法能够以更小的观测数和迭代次数达到预期目标。

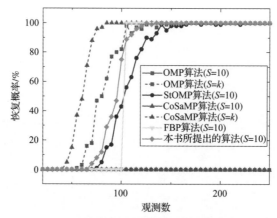

图 4 – 9　$k=20$ 时不同算法随观测数的恢复概率（附彩插）

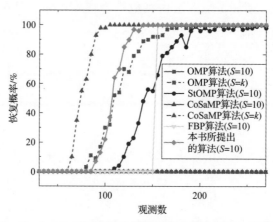

图 4 – 10　$k=30$ 时不同算法随观测数的恢复概率（附彩插）

4.4　干扰条件下无须先验信息的压缩恢复终止准则

　　基于感知信息熵的原子选择方法意在提高压缩恢复时信号的恢复精度，而要进一步提高压缩恢复的效率，合适的算法终止时机至关重要。4.3 节主要以设置最大迭代次数来终止算法，显然，这对硬件的存储空间提出了一定的要求。另外，前文提到的算法中的终止条件基本上是针对单一的高斯噪声，对输入信号中包含有与待恢复信号具有强相关性的信号情况鲜有讨论。对于无线电近炸引信而言，其面临的欺骗式干扰正是一种与目标回波信号具有强相关性的信号，因此，为了后续利用压缩恢复算法对干扰信号进行抑制，本节重点对输入信号中含有与待恢复信号具有强相关性的干扰信号时算法的有效终止时机进行研究。

4.4.1　问题描述

由压缩感知理论和压缩恢复的基本过程可知，当已知感知矩阵 $\boldsymbol{A}$ 和观测信号 $\boldsymbol{y}$ 时，每一次迭代都会产生一个残余信号和恢复信号，则第 s 次迭代后的残余信号 $\boldsymbol{r}^s$ 和恢复信号 $\boldsymbol{x}^s$ 分别为

$$\boldsymbol{r}^s = \boldsymbol{X}_s^{\perp} \boldsymbol{y} \tag{4-9}$$

$$\boldsymbol{x}^s = \boldsymbol{y} - \boldsymbol{r}^s = \boldsymbol{X}_s \boldsymbol{y} \tag{4-10}$$

式中，$\boldsymbol{X}_s$ 代表了在 $\boldsymbol{A}_{\Lambda^s}$ 中列的子空间的正交投影；$\boldsymbol{X}_s^{\perp}$ 是 $\boldsymbol{X}_s$ 的正交补空间的投影矩阵，$\boldsymbol{X}_s^{\perp} = \boldsymbol{I} - \boldsymbol{X}_s$。

对于输入信号，除了考虑传统的高斯白噪声 $\boldsymbol{n} \overset{i.i.d}{\sim} N(\boldsymbol{0}, \sigma^2 \boldsymbol{I}_M)$ 外，本节重点扩展了含有欺骗式干扰信号时的情况。因此，不妨假设在最理想的条件下，干扰机能够对发射信号实现完美复制。为了便于推导分析，这里干扰信号也可视为发射信号在时间上的延迟，表示为 $\boldsymbol{J} = \begin{bmatrix} \boldsymbol{O}_q \vdots \boldsymbol{x}_{M-q} \end{bmatrix} (0 < q < M)$，其中，$\boldsymbol{O}$ 表示零向量，下标表示向量的维数。因此，式（4-1）的模型可重新写成

$$\boldsymbol{y} = \boldsymbol{A}\boldsymbol{x} + \boldsymbol{J} + \boldsymbol{n} \tag{4-11}$$

式中，$\boldsymbol{J}, \boldsymbol{n} \in \mathbb{C}^M$。将上式代入式（4-9）、式（4-10），得到

$$\boldsymbol{r}^s = \boldsymbol{X}_s^{\perp} \boldsymbol{A}\boldsymbol{x} + \boldsymbol{X}_s^{\perp} \boldsymbol{J} + \boldsymbol{X}_s^{\perp} \boldsymbol{n} \tag{4-12}$$

$$\boldsymbol{x}^s = \boldsymbol{X}_s \boldsymbol{A}\boldsymbol{x} + \boldsymbol{X}_s \boldsymbol{J} + \boldsymbol{X}_s \boldsymbol{n} \tag{4-13}$$

为了减少恢复误差，当算法停止时应保证 $\boldsymbol{r}^s$ 中的 $\boldsymbol{X}_s^{\perp} \boldsymbol{A}\boldsymbol{x}$ 分量尽可能少。如前所述，观测信号中含有与待恢复信号相关的分量，显然无法利用

残余信号与恢复信号的相关性作为停止条件。对于恢复算法而言，感知矩阵 $\boldsymbol{A}$ 是已知的，但干扰信号和高斯噪声的统计特征和稀疏性一般是未知的，如何在不需要这些先验信息的前提下使算法恰到好处地停止是本书关注的重点。下一小节将对这一问题进行详细讨论。

4.4.2 干扰条件下压缩恢复的终止准则

首先，对正交补空间 $\boldsymbol{X}_s^\perp$ 进行奇异值分解，得到

$$\boldsymbol{X}_s^\perp = \boldsymbol{U}_s \begin{pmatrix} \boldsymbol{\Sigma}_{\mathrm{M-s}} & \boldsymbol{O} \\ \boldsymbol{O} & \boldsymbol{O} \end{pmatrix} \boldsymbol{V}_s^{\mathrm{H}} = \boldsymbol{U}_{M \times (M-s)} \boldsymbol{V}_{M \times (M-s)}^{\mathrm{H}} = \boldsymbol{U}_{ss} \boldsymbol{V}_{ss}^{\mathrm{H}} \qquad (4-14)$$

式中，$\boldsymbol{U}$，$\boldsymbol{V}$ 均为酉矩阵；$(\cdot)^H$ 表示共轭转置；$\boldsymbol{U}_{ss}$ 和 $\boldsymbol{V}_{ss}$ 分别为包含前 $M-s$ 列的 $\boldsymbol{U}_s$ 和 $\boldsymbol{V}_s$ 的子矩阵；$\boldsymbol{\Sigma}$ 为包含所有奇异值的对角矩阵。对于正交矩阵 $\boldsymbol{X}_s^\perp$，$\boldsymbol{\Sigma}_{M-s}$ 的值均为 $\boldsymbol{1}$。将上式代入式（4-12）并在等式两边乘以 $\boldsymbol{U}_{ss}^{\mathrm{H}}$，得到

$$\boldsymbol{U}_{ss}^{\mathrm{H}} \boldsymbol{r}^s = \boldsymbol{V}_{ss}^{\mathrm{H}} \boldsymbol{A}\boldsymbol{x} + \boldsymbol{V}_{ss}^{\mathrm{H}} \boldsymbol{J} + \boldsymbol{V}_{ss}^{\mathrm{H}} \boldsymbol{n} \qquad (4-15)$$

因为 $\boldsymbol{n}$ 是高斯白噪声，所以 $\mathrm{E}\{\boldsymbol{V}_{ss}^{\mathrm{H}} \boldsymbol{n} (\boldsymbol{V}_{ss}^{\mathrm{H}} \boldsymbol{n})^{\mathrm{H}}\} = \sigma_w^2 \boldsymbol{I}_{M-s}$。对于仅含有白噪声的情形，根据经典的探测理论，可以用 $\| (\boldsymbol{U}_{ss}^{\mathrm{H}} \boldsymbol{A})^{\mathrm{H}} \boldsymbol{U}_{ss}^{\mathrm{H}} \boldsymbol{r}^s \|_\infty / \sigma_w$ 的充分统计来判断 $\boldsymbol{r}_s$ 中是否含有非零元素[134]。其中，在实际应用中，σ_w 可用 $\| \boldsymbol{U}_{ss}^{\mathrm{H}} \boldsymbol{r}^s \|_2$ 近似代替[135]。

考虑到本书的应用条件，由于干扰信号的存在，仅用 $\| \boldsymbol{U}_{ss}^{\mathrm{H}} \boldsymbol{r}^s \|_2$ 的近似统计显然是不够的。观察式（4-12）和式（4-13）可发现，$\boldsymbol{r}^s$ 和 $\boldsymbol{x}^s$ 中均包含干扰和白噪声，因此应当对二者的 σ_w 进行充分统计。另外，干扰信号的 σ_w 实际上与 q 值无关。这一点也可以从干扰信号和发射信号的相关性解释。图 4-11 所示为不同 q 值下干扰信号和发射信号的相关性的变化情况。

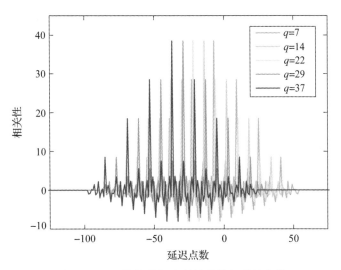

图 4 – 11　干扰信号与发射信号的相关性变化

可以发现，q 值仅改变了延迟的大小，但对相关性的大小并无影响。换言之，干扰信号 $\boldsymbol{J}$ 的特征统计可以转换为对 $\boldsymbol{x}_M$ 的特征统计。因此，可以得到

$$E\{\boldsymbol{V}_{ss}^{\mathrm{H}}\boldsymbol{J}(\boldsymbol{V}_{ss}^{\mathrm{H}}\boldsymbol{J})^{\mathrm{H}}\}=E\{\boldsymbol{V}_{ss}^{\mathrm{H}}\boldsymbol{J}\boldsymbol{J}^{\mathrm{H}}\boldsymbol{V}_{ss}\}=E\{\boldsymbol{V}_{ss}^{\mathrm{H}}\boldsymbol{x}_{M-q}\boldsymbol{x}_{M-q}^{\mathrm{H}}\boldsymbol{V}_{ss}\}=E\{\boldsymbol{V}_{ss}^{\mathrm{H}}\boldsymbol{x}_M(\boldsymbol{V}_{ss}^{\mathrm{H}}\boldsymbol{x}_M)^{\mathrm{H}}\}$$
$$(4-16)$$

对于式（4 – 13），本身有 $\boldsymbol{X}_s=\boldsymbol{A}_{\Lambda^s}\boldsymbol{A}_{\Lambda^s}^{\dagger}$。$\boldsymbol{A}_{\Lambda^s}^{\dagger}$ 为 $\boldsymbol{A}_{\Lambda^s}$ 的伪逆矩阵，且 $\boldsymbol{A}_{\Lambda^s}^{\dagger}=(\boldsymbol{A}_{\Lambda^s}^{\mathrm{H}}\boldsymbol{A}_{\Lambda^s})^{-1}\boldsymbol{A}_{\Lambda^s}^{\mathrm{H}}$。对式（4 – 13）两边同时乘以 $\boldsymbol{A}_{\Lambda^s}^{\dagger}$，得到

$$\boldsymbol{A}_{\Lambda^s}^{\dagger}\boldsymbol{x}^s=\boldsymbol{A}_{\Lambda^s}^{\dagger}\boldsymbol{A}\boldsymbol{x}+\boldsymbol{A}_{\Lambda^s}^{\dagger}\boldsymbol{J}+\boldsymbol{A}_{\Lambda^s}^{\dagger}\boldsymbol{n} \qquad (4-17)$$

基于前述分析，对干扰信号和白噪声的充分统计则可以由 $\|\boldsymbol{A}_{\Lambda^s}^{\dagger}\boldsymbol{x}^s\|_2+\|\boldsymbol{U}_{ss}^{\mathrm{H}}\boldsymbol{r}^s\|_2$ 近似代替。因为 $\boldsymbol{U}_s$ 为酉矩阵，所以 $\|\boldsymbol{U}_{ss}^{\mathrm{H}}\boldsymbol{r}^s\|_2=\|\boldsymbol{r}^s\|_2$。由于求逆运算是十分复杂和耗时的，所以需要对充分统计进行进一步缩放。

因为 $\|\boldsymbol{A}_{\Lambda^s}^{\dagger}\boldsymbol{x}^s\|_2=\|(\boldsymbol{A}_{\Lambda^s}^{\mathrm{H}}\boldsymbol{A}_{\Lambda^s})^{-1}\boldsymbol{A}_{\Lambda^s}^{\mathrm{H}}\boldsymbol{x}^s\|_2$，对其两边同时乘以 $\|\boldsymbol{A}_{\Lambda^s}^{\mathrm{H}}\boldsymbol{A}_{\Lambda^s}\|_2$，得到

$$\|\boldsymbol{A}_{\Lambda^s}^{\mathrm{H}}\boldsymbol{A}_{\Lambda^s}\|_2\|\boldsymbol{A}_{\Lambda^s}^{\dagger}\boldsymbol{x}^s\|_2=\|\boldsymbol{A}_{\Lambda^s}^{\mathrm{H}}\boldsymbol{A}_{\Lambda^s}\|_2\|(\boldsymbol{A}_{\Lambda^s}^{\mathrm{H}}\boldsymbol{A}_{\Lambda^s})^{-1}\boldsymbol{A}_{\Lambda^s}^{\mathrm{H}}\boldsymbol{x}^s\|_2\geqslant\|\boldsymbol{A}_{\Lambda^s}^{\mathrm{H}}\boldsymbol{x}^s\|_2$$
$$(4-18)$$

进而有

$$\| A_{\Lambda^s}^\dagger x^s \|_2 \geqslant \| A_{\Lambda^s}^H x^s \|_2 / \| A_{\Lambda^s}^H A_{\Lambda^s} \|_2 \qquad (4-19)$$

所以，恢复算法的停止条件可以表示为

$$\frac{\| (U_{ss}^H A)^H U_{ss}^H r^s \|_\infty}{\| A_{\Lambda^s}^\dagger x^s \|_2 + \| U_{ss}^H r^s \|_2} = \frac{\| A^H r^s \|_\infty}{\| A_{\Lambda^s}^\dagger x^s \|_2 + \| r^s \|_2} \leqslant \frac{\| A^H r^s \|_\infty}{\| A_{\Lambda^s}^H x^s \|_2 / \| A_{\Lambda^s}^H A_{\Lambda^s} \|_2 + \| r^s \|_2}$$

$$(4-20)$$

上式中不等式的右边即停止条件的判断准则，当满足上式条件时，r_s 中可认为不再含有非零元素。可以看出，式（4-20）中包含的元素均为已知的或在迭代过程中可直接获得的，避免了噪声和干扰信号的先验信息。

4.4.3　终止条件的可行性分析

为了说明本书所推导的终止条件在多参数复合调制信号上应用的可行性，首先在不同 q 值条件下对终止条件的取值进行仿真。输入的多参数复合调制信号参数与第 3 章中表 3-1 所示的仿真参数相同，回波延迟设置为 0.2 μs，观测数 M 取 256。图 4-12 所示为终止条件计算值随迭代次数的变化规律，可以发现不同 q 值下具有相似的趋势。式（4-20）中计算的值总是先增大至一个峰值再减小。并且，在前期逐渐增大的过程中，终止条件的值始终大于某一定值。事实上，当终止条件的值从峰值降至终止边界时，信号的恢复基本上已经完成，因此可以据此来确定终止边界。当终止条件首次小于该定值时即可以停止算法。

由于高斯白噪声本身具有随机性，为了不失一般性，下面对同样条件的输入信号进行 1 000 次仿真，并对终止条件的值进行统计，结果如图 4-13 所示。可以发现，统计直方图中均出现了两个峰值，这也是确定终止时机的重要依据。左边峰值来源于终止边界下方的下降阶段，右边峰值来自高于终止边界的部分。结合图 4-12 的变化趋势并考虑到随机性以及误差范围，以上升趋势中的最小值作为终止区间的上界，将误差范围设置为 0.5，终止区间的下界由误差范围确定。不同 q 值对应的终止区间分别为

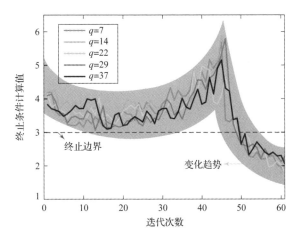

图 4 - 12　终止条件计算值随迭代次数的变化规律

[2.5，3]，[2.45，2.95]，[2.4，2.9]，[2.45，2.95]，[2.5，3]，这里也称该区间为误差区间。当终止条件的值小于区间内的取值时，认为恢复停止。

因此，根据上述统计分布，可以确定合适的终止区间为 [2.4，3]。此外，该区间提供了一个更加灵活的算法停止选择方案。在区间内的不同取值也反映了信号恢复残差的不同。当对信号恢复精度要求较高时，终止条件可以在区间内取较小的值；反之，终止条件的值应当大一些。当然，终止条件的值越小代表算法所需迭代的次数越大，耗时自然也会增加。

4.4.4　恢复残差和耗时分析

为了说明本书所推导的终止条件对信号压缩恢复时算法性能的影响，分别计算上述不同 q 值条件下信号的恢复残差和整个算法的耗时。根据上一小节的分析，设置终止条件的值为2.5，得到相应的迭代次数分别为50，49，49，49，51。这里与原先全部迭代后停止的方法进行比较分析。采用本书所推导的终止条件得到恢复信号的残余误差与全部迭代后的误差相当即认为满足要求。算法在同一台计算机上（2.1 GHz CPU，8GB RAM）的 MATLAB 2015a 软件中运行，得到的结果如表 4 -4 所示。

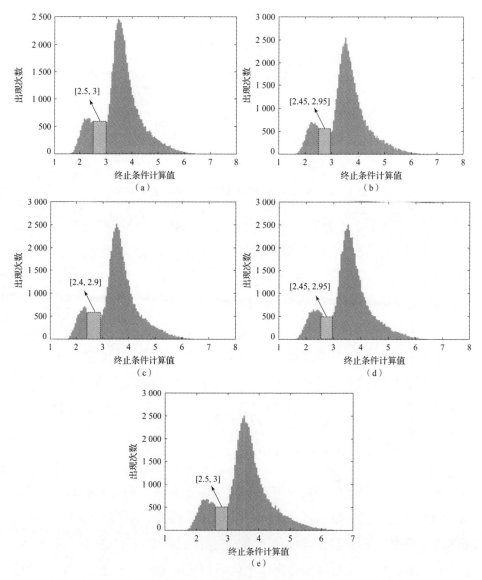

图 4 – 13　终止条件的分布直方图

（a）$q=7$；（b）$q=14$；（c）$q=22$；（d）$q=29$；（e）$q=37$

表 4 - 4　恢复残差及耗时比较

项目	方法	$q=7$	$q=14$	$q=22$	$q=29$	$q=37$
残余误差	完全迭代	0.924 9	0.946 4	0.944 3	1.027 2	1.007 8
	本书的方法	0.895 1	0.954 0	0.930 6	0.865 0	0.895 3
耗费时间/s	完全迭代	0.030 2	0.025 3	0.038 0	0.059 2	0.027 0
	本书的方法	0.015 0	0.014 1	0.014 9	0.013 8	0.017 9

　　表中结果显示，利用本书推导的终止条件时，算法的恢复时间均短于完全迭代的方法，经过计算，本书方法的运行效率平均提高了 53.2%。这一点很好理解，恢复算法的复杂性与输入信号长度和迭代次数是密切相关的。对于相同长度的输入信号，算法的运行效率则取决于迭代次数。完全迭代必须将设定的迭代次数全部运行完后方可终止算法，而本书的方法是当算法的终止条件满足时即停止，通常情况下无须全部迭代，需要的迭代次数要小于传统方法，因此运行时间自然要短。此外，对于恢复信号的残余误差，本书的方法也表现出了优势，基本上优于传统的完全迭代方法。这是因为，传统方法实际上采用了一种穷尽迭代的思想，并没有一个很好的衡量标准，随着迭代次数的不断增加，可能导致噪声或干扰的部分能量进入恢复信号。而本书所推导的终止判断条件完全是根据恢复信号和残余信号的充分统计特征进行设置，有效避免了其他不希望的信号分量进入恢复信号，因此得到的残余误差更小。

4.4.5　信号参数对终止条件的影响分析

　　为了进一步说明本书所推导的终止条件对多参数复合调制信号的适应性，探究不同周期信号参数对本书所推导的终止条件下信号恢复的影响。分别在不同脉宽、载频和调频率的条件下对信号的恢复概率进行仿真。这里，分别对多参数复合调制信号的前 3 个周期的信号进行压缩恢复。脉宽分别设置为 3 μs, 4 μs , 5 μs; 仿真载频分别取 59 GHz, 60 GHz, 61 GHz; 调频率分别设置为 25 MHz/μs, 28 MHz/μs, 30 MHz/μs。每个条件下算法均执行 1 000 次, 残余误差小于 1 即认为恢复成功, 则不同信号参数随观测数的变化情况分别如图 4 – 14 ~ 图 4 – 16 所示。图中 T. I. 表示采用完全迭代 (Totally Iteration) 的方法。

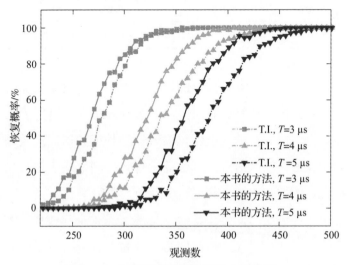

图 4 – 14　不同脉宽的恢复概率 (附彩插)

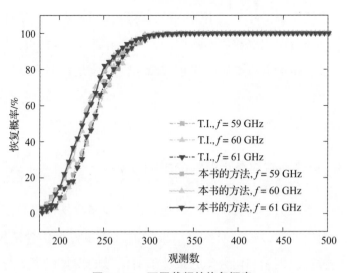

图 4 – 15　不同载频的恢复概率

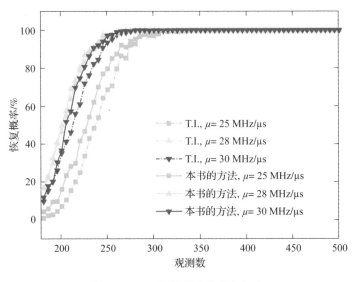

图 4 - 16　不同调频率的恢复概率

　　图中结果表明，脉宽的改变对算法恢复概率的影响最大。脉宽越大，信号成功恢复所需的观测数越大。这是因为压缩感知的实现依赖信号的稀疏性和相干性。脉宽增大所带来的直接结果是信号中非零元素的增多，因此信号的稀疏性会下降，需要更大的观测数以保证成功恢复信号。而载波频率对信号的稀疏性和相干性均不会造成影响，因此图 4 - 15 中的恢复概率基本出现在相同的位置。调频率的改变影响了一个周期内频率改变的快慢程度，同时改变了不同周期的调制带宽，虽然信号的稀疏性并没有改变，但会影响信号的相干性，从而导致出现不同的恢复概率。但对于上述情况，在同一观测数下，运用本书的终止准则时，算法在信号成功恢复概率上均表现出明显的优势。

■ 4.5　基于相关性局部检测的干扰抑制算法

　　优化原子选择和终止条件是单纯从信号压缩恢复算法的角度提高目标

信号恢复的质量。对于无线电近炸引信接收到的信号，本节继续对如何利用压缩恢复算法实现干扰信号的抑制进行研究。针对多参数复合调制体制的无线电近炸引信，本节建立了其压缩感知的信号模型。由于干扰信号与目标回波信号具有较强的相关性，在获得的字典矩阵中可能包含大量与干扰信号有关的元素，所以，单纯采用压缩恢复算法可能不能得到理想的目标回波信号，从而无法得到真实的目标信息。为了提高干扰信号的抑制效果，避免干扰信号在压缩恢复时对目标回波信号造成影响，本书结合压缩恢复算法提出了基于相关性局部检测的干扰抑制算法。

4.5.1 多参数复合调制信号的压缩感知模型

重新考虑第 3 章中多参数复合调制信号的数学模型，根据式（3 − 1）、式（3 − 4）和式（3 − 6）可以得到第 i 个周期的目标回波差频信号为

$$r_{\mathrm{Li}}(t) = \left[\mathrm{rect}\left(\frac{t - t_i}{T_{pi}} \right) A(t) A_1(t - t_i - \tau) \exp(-\mathrm{j}2\pi f_i \tau_0) \cdot \right.$$

$$\left. \exp(\mathrm{j}(\pi\mu\tau^2 - 2\pi\mu\tau(t - t_i))) \cdot \exp(\mathrm{j}2\pi f_{di}(t - t_i)) \right] * h_{\mathrm{L}}(t)$$

$$= \left[U(t) \exp(-\mathrm{j}(2\pi(\mu\tau - f_{di})(t - t_i) + 2\pi f_i \tau_0 - \pi\mu\tau^2)) \right] * h_{\mathrm{L}}(t)$$

$$= g_i(\tau, f_{di}, t) * h_{\mathrm{L}}(t)$$

$$(4 - 21)$$

式中，

$$g_i(\tau, f_{di}, t) = U(t) \exp(-\mathrm{j}(2\pi(\mu\tau - f_{di})(t - t_i) + 2\pi f_i \tau_0 - \pi\mu\tau^2))$$

$$(4 - 22)$$

$U(t)$ 表示 $g_i(\tau, f_{di}, t)$ 的幅值，$U(t) = \mathrm{rect}(t - t_i/T_{p_i}) A(t) A_1(t - t_i - \tau)$，$f_{di} \approx (2v_r/c) f_i$。假设发射信号的脉冲数依然为 I，则引信在接收信号频域中的表示为

$$r(t) = \sum_{i=1}^{I} r_{\mathrm{Li}}(t) + J + n \qquad (4 - 23)$$

式中，n 为高斯白噪声；J 表示干扰信号在接收信号频域中的形式，根据第 3 章中对干扰信号的假设，其依然是在后续周期内才保持稳定的干扰。

在建立多参数复合调制信号的压缩感知模型之前，为了便于分析和讨论，需要对式（4 – 21）所示的数学模型进行进一步简化。$r_{Li}(t)$ 实际上是 τ，f_{di} 和 t 的函数，故在记法上，$r_{Li}(t) \triangleq r_{Li}(\tau,f_{di},t) \triangleq r_{Li}(\tau,f_{di})$。由式（4 – 21）可知，$r_{Li}(\tau,f_{di},t)$ 中包含了由延迟 τ 引入的距离信息以及由相对运动造成的多普勒信息，因此，可以分两步将回波差频信号表示成离散向量的形式，即延迟分量和多普勒分量。具体步骤如下。

（1）延迟简化（延迟分量）。仅考虑时间延迟，令多普勒频率为 0，同时以采样频率 f_s 对信号 $g_i(\tau,f_{di},t)$ 进行采样。为了保证每一个周期内的信号波形被完整采样，采样频率应当不低于 $1/\min\{T_{p_i}\}$（$i=1,2,\cdots,I$）。得到的向量形式为

$$g_i(\tau,0) = [\mathbf{0}_\tau,g_i(0,0)] \tag{4 – 24}$$

在表示形式上，如无特殊说明，$g_i(\tau,f_{di}) \triangleq g_i(\tau,f_{di},t)$。$\mathbf{0}_\tau$ 表示零向量，长度为 $N_\tau = \lfloor \tau f_s \rfloor$。$g_i$ 为 g_i 的向量形式，此处的长度为 $\lfloor T_{ri}f_s \rfloor - N_\tau$。$\lfloor \cdot \rfloor$ 表示取整函数。

（2）多普勒简化（多普勒分量）。类似地，仅考虑多普勒延迟，以同样的采样频率对 $g_i(\tau,f_{di},t)$ 采样得到

$$g_i(0,f_{di}) = g_i(0,0)\,\mathrm{diag}\left\{\exp\left(\mathrm{j}2\pi\frac{f_{di}}{f_s}\right),\exp\left(\mathrm{j}2\pi\frac{2f_{di}}{f_s}\right),\cdots,\exp\left(\mathrm{j}2\pi\frac{N_i f_{di}}{f_s}\right)\right\}$$

$$\tag{4 – 25}$$

式中，$g_i(0,0)$ 的长度等于 $N_i = \lfloor T_{ri}f_s \rfloor$。这里需要说明一点，式（4 – 24）和式（4 – 25）中 $g_i(0,0)$ 的长度并不一样，这是为了保证二者距离或多普勒向量的总体长度一致。因为在一个周期内 $T_{pi} < T_{ri}$，所以对式（4 – 24）中 $g_i(0,0)$ 的处理相当于对一个周期内的波形进行尾部舍零操作。信号主

要集中在 T_{pi} 内，尾部舍零并不会影响波形的主要特征。

因此，式（4-21）中 $r_{Li}(\tau, f_{di})$ 的向量形式可以表示成

$$r_{Li}(\tau, f_{di}) = g_i(0, f_{di})g_i^{\mathrm{T}}(\tau, 0)H_L \qquad (4-26)$$

式中，H_L 为 $h_L(t)$ 的向量形式，表示为 $H_L \triangleq [h_L(0), h_L(1), \cdots, h_L(N_i - 1)]$。

下面，在式（4-26）的基础上，建立多参数复合调制信号的压缩感知模型。假设距离-多普勒平面上的距离维是 M，多普勒维是 N，对应的分辨率分别为 Δf_{sr} 和 Δf_{sd}，则距离-多普勒平面分别被离散为 $(0, 1, \cdots, M-1)\Delta f_{sr}$ 和 $(0, 1, \cdots, N-1)\Delta f_{sd}$。根据压缩感知理论，第 i 个周期的回波信号所对应的字典矩阵可以表示为

$$\boldsymbol{\Psi}_i = \begin{bmatrix} r_{Li}(0 \cdot \Delta f_{sr}, 0 \cdot \Delta f_{sd}) \\ r_{Li}(0 \cdot \Delta f_{sr}, 1 \cdot \Delta f_{sd}) \\ \vdots \\ r_{Li}(0 \cdot \Delta f_{sr}, (N-1) \cdot \Delta f_{sd}) \\ \vdots \\ r_{Li}((M-1) \cdot \Delta f_{sr}, 0 \cdot \Delta f_{sd}) \end{bmatrix} = [\boldsymbol{I}_{MN} \otimes \boldsymbol{H}_L][\boldsymbol{g}_{ri}\boldsymbol{g}_{di}] \quad (4-27)$$

式中，$\otimes$ 为 Kronecker 积，$\boldsymbol{g}_{ri}$ 和 $\boldsymbol{g}_{di}$ 分别代表：

$$\boldsymbol{g}_{ri} = [g_i(0 \cdot \Delta f_{sr}, 0), g_i(1 \cdot \Delta f_{sr}, 0), \cdots, g_i((M-1) \cdot \Delta f_{sr}, 0)]$$
$$(4-28)$$

$$\boldsymbol{g}_{di} = [g_i^{\mathrm{T}}(0, 0 \cdot \Delta f_{sd}), g_i^{\mathrm{T}}(0, 1 \cdot \Delta f_{sd}), \cdots, g_i^{\mathrm{T}}(0, (N-1) \cdot \Delta f_{sd})]$$
$$(4-29)$$

将 I 个周期的回波信号组合在一起，可以得到

$$r_L = \boldsymbol{\Psi}x = [\boldsymbol{\Psi}_1, \boldsymbol{\Psi}_2, \cdots, \boldsymbol{\Psi}_I]x = [\boldsymbol{I}_{MN} \otimes \boldsymbol{H}_L]\boldsymbol{g}_r\boldsymbol{g}_d x \qquad (4-30)$$

式中，$\boldsymbol{g}_r = [\boldsymbol{g}_{r1}, \boldsymbol{g}_{r2}, \cdots, \boldsymbol{g}_{rI}]^{\mathrm{T}}$，$\boldsymbol{g}_d = [\boldsymbol{g}_{d1}^{\mathrm{T}}, \boldsymbol{g}_{d2}^{\mathrm{T}}, \cdots, \boldsymbol{g}_{dI}^{\mathrm{T}}]$，这里的 x 表示稀疏向量。对于不同周期内的回波信号，时间延迟应当保持相等，因此有 $\boldsymbol{g}_{r1} = \boldsymbol{g}_{r2} = \cdots = \boldsymbol{g}_{ri}$。于是，当以测量矩阵 $\boldsymbol{\Phi}$ 观测接收信号时，式（4-23）的压缩感知模型可以写为

$$r = \boldsymbol{\Phi\Psi}x + \boldsymbol{\Phi}J + \boldsymbol{\Phi}n = Ax + J^{\mathrm{T}} + n^{\mathrm{T}} \tag{4 - 31}$$

至此,已经建立了多参数复合调制引信接收信号的压缩感知模型,下一步的任务便是如何从接收信号中将仅带有目标信息的回波信号提取出来。由于发射信号的多参数捷变特性,干扰信号仅会出现少数与目标回波信号相同的波形,虽然与目标回波信号仍具有一定的相关性,但可以依据这种不确定性对信号的观测矩阵进行筛选,从而只恢复希望得到的信号。

4.5.2　目标回波信号和干扰信号的相关特性分析

为了说明参数变化对目标回波信号和干扰信号相关特性的影响,分别从延迟分量和多普勒分量两个角度进行分析。根据自相关矩阵的定义得到延迟分量和多普勒分量的自相关和互相关的计算公式分别为

$$C_{rr} = E\{g_i^{\mathrm{H}}(\tau,0)g_i(\tau,0)\} = E\{\boldsymbol{g}_{ri}^{\mathrm{H}}\boldsymbol{g}_{ri}\} \tag{4 - 32a}$$

$$C_{dd} = E\{g_i^{\mathrm{H}}(0,f_{di})g_i(0,f_{di})\} = E\{\boldsymbol{g}_{di}^{\mathrm{H}}\boldsymbol{g}_{di}\} \tag{4 - 32b}$$

$$C_{rd} = E\{g_i^{\mathrm{H}}(\tau,0)g_i(0,f_{di})\} = E\{g_i^{\mathrm{H}}(0,f_{di})g_i(\tau,0)\} \tag{4 - 32c}$$

式中,C_{rr},C_{dd},C_{rd}分别指延迟分量自相关、多普勒分量自相关、延迟分量和多普勒分量互相关。

分别对中频域中的目标回波信号和干扰信号的自相关和互相关进行仿真,选取相邻三个周期内的信号作为仿真对象,主要参数如表 4 - 5 所示,波形 1 ~ 波形 3 分别对应第 1 个周期 ~ 第 3 个周期内的信号,采样率为 $1/\min\{T_{pi}\}$。得到的结果如图 4 - 17 所示。

表 4 -5　三个周期信号的主要仿真参数

波形	脉宽/μs	周期/μs	调频率/(MHz·μs⁻¹)
波形 1	3	9	25
波形 2	4	10	25
波形 3	5	11	25

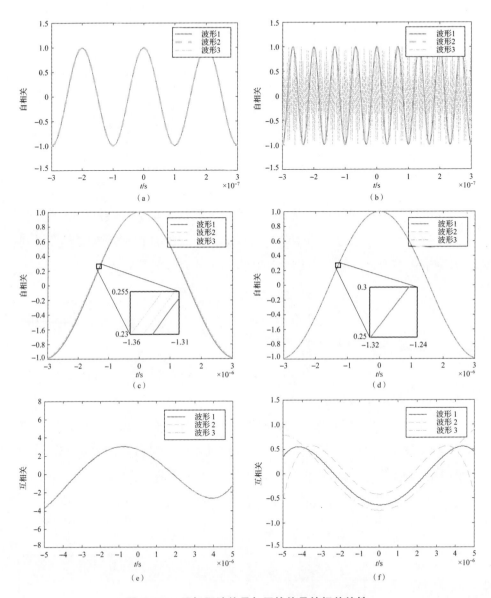

图 4 - 17 目标回波信号与干扰信号的相关特性

（a）目标回波信号延迟分量自相关；（b）干扰信号延迟分量自相关；

（c）目标回波信号多普勒分量自相关；（d）干扰信号多普勒分量自相关；

（e）目标回波信号延迟 - 多普勒分量互相关；（f）干扰信号延迟 - 多普勒分量互相关

图 4 - 17（a）和（c）表明，目标回波信号的延迟分量自相关并没有随信号参数的改变而改变，其多普勒分量却因信号参数的不同出现了差异。图 4 - 17（b）和（d）中干扰信号的情况与目标回波信号的情况正好相反。对于目标回波信号而言，同一个距离对应的时间延迟是相同且唯一的，不会随着周期的改变而改变，但多普勒分量与载频有关，各个周期内的载频不同导致多普勒分量发生变化。对于干扰信号而言，由于复制的发射信号在各个周期内是一样的，所以载频没有发生变化，但各个周期内的差频信号却各不相同。另外，差频信号与目标回波信号具有一一对应的关系，对于同一个目标回波信号，不会因为周期不同而出现不同的差频信号，图 4 - 17（e）中目标回波信号的互相关性也说明了这一点。干扰信号的互相关性因不同的信号参数而发生改变，如图 4 - 17（f）所示，它反映了干扰信号会因发射信号参数的不同出现明显区别于目标回波信号的特点。

4.5.3　基于相关性局部检测的压缩恢复

利用上一小节分析得到的目标回波信号和干扰信号在不同信号参数下相关特性的差异，本书提出基于相关性局部检测的方法以抑制接收信号中的干扰信号。感知矩阵直接决定了信号恢复的质量，通过对矩阵中元素的检验来抑制干扰信号在目标回波信号恢复中的影响。当测量矩阵为高斯矩阵时，$A^H A \approx \Psi^H \Psi$[136]。因此，对感知矩阵中元素的检验可以转化成对字典矩阵的检验。根据式（4 - 27），有

$$\Psi_i^H \Psi_i = g_{di}^H g_{ri}^H [I_{MN} \otimes H_L]^H [I_{MN} \otimes H_L] g_{ri} g_{di}$$

$$= g_{di}^H g_{ri}^H \begin{bmatrix} h_L^2(0) I_{MN} & & \\ & \ddots & \\ & & h_L^2(N_i-1) I_{MN} \end{bmatrix} g_{ri} g_{di} \quad (4-33)$$

在上式的左、右两边分别乘以 g_{ri}^H 和 g_{ri}，并记 $D_i = \Psi_i g_{ri}$，得到

$$D_i^H D_i = g_{ri}^H \Psi_i^H \Psi_i g_{ri}$$

$$
= \boldsymbol{g}_{ri}^{\mathrm{H}} \boldsymbol{g}_{di}^{\mathrm{H}} \boldsymbol{g}_{ri}^{\mathrm{H}}
\begin{bmatrix}
h_{\mathrm{L}}^2(0)\boldsymbol{I}_{MN} & & \\
& \ddots & \\
& & h_{\mathrm{L}}^2(N_i-1)\boldsymbol{I}_{MN}
\end{bmatrix}
\boldsymbol{g}_{ri} \boldsymbol{g}_{di} \boldsymbol{g}_{ri}
$$

$$
=
\begin{bmatrix}
h_{\mathrm{L}}^2(0)\boldsymbol{G}_{rd}\boldsymbol{G}_r\boldsymbol{G}_{dr} & & \\
& \ddots & \\
& & h_{\mathrm{L}}^2(N_i-1)\boldsymbol{G}_{rd}\boldsymbol{G}_r\boldsymbol{G}_{dr}
\end{bmatrix}_{MNN_i \times MNN_i}
$$

$$(4-34)$$

式中，

$$\boldsymbol{G}_{rd} = \boldsymbol{g}_{ri}^{\mathrm{H}} \boldsymbol{g}_{di}^{\mathrm{H}}$$

$$
=
\begin{bmatrix}
\boldsymbol{g}_i^{\mathrm{H}}(0\cdot\Delta f_{sr},0)\boldsymbol{g}_i(0,0\cdot\Delta f_{sd}) & \cdots & \boldsymbol{g}_i^{\mathrm{H}}(0\cdot\Delta f_{sr},0)\boldsymbol{g}_i(0,(N-1)\cdot\Delta f_{sd}) \\
\vdots & \ddots & \vdots \\
\boldsymbol{g}_i^{\mathrm{H}}((M-1)\cdot\Delta f_{sr},0)\boldsymbol{g}_i(0,0\cdot\Delta f_{sd}) & \cdots & \boldsymbol{g}_i^{\mathrm{H}}((M-1)\cdot\Delta f_{sr},0)\boldsymbol{g}_i(0,(N-1)\cdot\Delta f_{sd})
\end{bmatrix}
$$

$$(4-35\mathrm{a})$$

$$\boldsymbol{G}_{dr} = \boldsymbol{g}_{di}\boldsymbol{g}_{ri}$$

$$
=
\begin{bmatrix}
\boldsymbol{g}_i^{\mathrm{T}}(0,0\cdot\Delta f_{sd})\boldsymbol{g}_i(0\cdot\Delta f_{sr},0) & \cdots & \boldsymbol{g}_i^{\mathrm{T}}(0,0\cdot\Delta f_{sd})\boldsymbol{g}_i((M-1)\cdot\Delta f_{sr},0) \\
\vdots & \ddots & \vdots \\
\boldsymbol{g}_i^{\mathrm{T}}(0,(N-1)\cdot\Delta f_{sd})\boldsymbol{g}_i(0\cdot\Delta f_{sr},0) & \cdots & \boldsymbol{g}_i^{\mathrm{T}}(0,(N-1)\cdot\Delta f_{sd})\boldsymbol{g}_i((M-1)\cdot\Delta f_{sr},0)
\end{bmatrix}
$$

$$(4-35\mathrm{b})$$

$$\boldsymbol{G}_r = \boldsymbol{g}_{ri}^{\mathrm{H}}\boldsymbol{g}_{ri}$$

$$
=
\begin{bmatrix}
\boldsymbol{g}_i^{\mathrm{H}}(0\cdot\Delta f_{sr},0)\boldsymbol{g}_i(0\cdot\Delta f_{sr},0) & \cdots & \boldsymbol{g}_i^{\mathrm{H}}(0\cdot\Delta f_{sr},0)\boldsymbol{g}_i((M-1)\cdot\Delta f_{sr},0) \\
\vdots & \ddots & \vdots \\
\boldsymbol{g}_i^{\mathrm{H}}((M-1)\cdot\Delta f_{sr},0)\boldsymbol{g}_i(0\cdot\Delta f_{sr},0) & \cdots & \boldsymbol{g}_i^{\mathrm{H}}((M-1)\cdot\Delta f_{sr},0)\boldsymbol{g}_i((M-1)\cdot\Delta f_{sr},0)
\end{bmatrix}
$$

$$(4-35\mathrm{c})$$

式（4-34）表明 $\boldsymbol{D}_i^{\mathrm{H}}\boldsymbol{D}_i$ 是由 N_i 个分块矩阵组成的对角矩阵，且每一个分块矩阵只是系数不同。在对字典矩阵进行检验时，并不需要对 $\boldsymbol{D}_i^{\mathrm{H}}\boldsymbol{D}_i$ 整体进行运算，可以选取 $\boldsymbol{D}_i^{\mathrm{H}}\boldsymbol{D}_i$ 中的任意一个分块矩阵作为判断依据，用

$\boldsymbol{D}_i^{\text{local}}(p)$ 表示 $\boldsymbol{D}_i^{\text{H}}\boldsymbol{D}_i$ 对角线上第 p （$0 < p < N_i - 1$）个分块矩阵，并称之为局部相关矩阵，则

$$E\left[\boldsymbol{D}_i^{\text{local}}(p)\right] = E\left[h_{\text{L}}^2(p)\boldsymbol{G}_{rd}\boldsymbol{G}_r\boldsymbol{G}_{dr}\right] = h_{\text{L}}^2(p)E(\boldsymbol{G}_{rd})E(\boldsymbol{G}_{dr})E(G_r) \tag{4-36}$$

又因为式（4-32c），$E(\boldsymbol{G}_{rd}) = E(\boldsymbol{G}_{dr}) = C_{rd}$，上式表示为

$$E\left[\boldsymbol{D}_i^{\text{local}}(p)\right] = h_{\text{L}}^2(p)C_{rd}^2C_{rr} \tag{4-37}$$

根据前面的分析，目标回波信号的 C_{rr} 并不会因为周期的改变而改变，且在同一个周期内，多普勒频率也是恒定的。对于干扰信号，其 C_{rr} 和 C_{rd} 都是不确定的。但在同一个周期内，$h_{\text{L}}(p)$ 为一个定值，C_{rr} 的变化也很小，干扰信号和目标回波信号的 $E(\boldsymbol{D}_i^{\text{local}})$ 的差异主要体现在 C_{rd} 上。而且，图 4-17（e）和（f）表明目标回波信号的 C_{rd} 一般大于干扰信号的 C_{rd}。因此，可以设定相应的阈值对 $E(\boldsymbol{D}_i^{\text{local}})$ 进行检验以区分目标回波信号及干扰信号。

分别计算任意三个周期内目标回波信号及干扰信号的 $E(\boldsymbol{D}_i^{\text{local}})$ 并对各自的值进行统计，$N_i = 1\,000$。由于 p 的取值对目标回波信号和干扰信号的局部相关矩阵的比较结果影响不大，这里以 $p = 5$ 作为例进行说明。得到的结果如图 4-18 所示。图 4-18（a）和（b）选取的周期保持一致，比较两图可知，对于同一个周期内的信号，目标回波信号和干扰信号的 $E(\boldsymbol{D}_i^{\text{local}})$ 分布具有明显的差别，这与前面的定性分析是一致的。

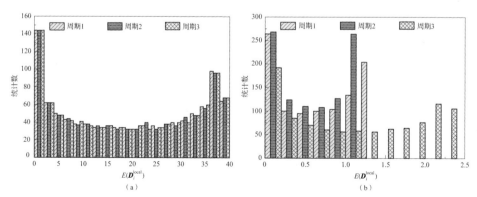

图 4-18 目标回波信号和干扰信号的 $E(\boldsymbol{D}_i^{\text{local}})$ 分布

（a）任意三个周期内的目标回波信号；（b）任意三个周期内的干扰信号

若周期内以干扰信号为主时,干扰信号的 $E(\boldsymbol{D}_i^{\text{local}})$ 变化区间远小于目标回波信号。比如在第一个周期内,目标回波信号的 $E(\boldsymbol{D}_i^{\text{local}})$ 的最大值为 1.26,而该周期内干扰信号的局部相关矩阵的最大值可达 38.37,两者具有显著差异。为了说明各自 $E(\boldsymbol{D}_i^{\text{local}})$ 的最大值分布,继续对 I 个 ($I=100$) 周期内的干扰信号和回波信号进行统计,得到 $E(\boldsymbol{D}_i^{\text{local}})$ 的最值变化曲线区间,如图 4 – 19 所示。结果表明,干扰信号和目标回波信号的最大 $E(\boldsymbol{D}_i^{\text{local}})$ 均在比较稳定的区间内变化,干扰信号的最大 $E(\boldsymbol{D}_i^{\text{local}})$ 分布集中在相对较低的区间内,而目标回波信号的最大 $E(\boldsymbol{D}_i^{\text{local}})$ 相对较大。因此,这便成为区分二者的重要依据。在对感知矩阵进行检测时,可以根据 $\max\{\|E(\boldsymbol{D}_i^{\text{local}})\|\}$ 进行判断,若 $\max\{\|E[\boldsymbol{D}_i^{\text{local}}(p)]\|\}<\xi$,则认为 $\boldsymbol{\Psi}_i$ 与待恢复的目标回波信号无关。根据仿真结果,本书中的 ξ 可取 4。

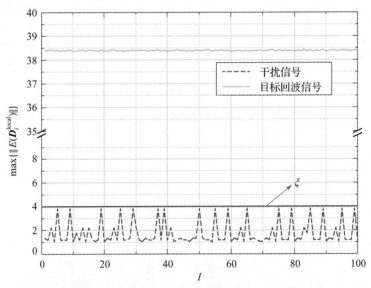

图 4 – 19 I 个周期的 $\max\{\|E(\boldsymbol{D}_i^{\text{local}})\|\}$ 变化曲线

经过检验和筛选的感知矩阵可以认为基本不含有与干扰信号有关的元素,然后利用 4.3 节中的恢复方法以及 4.4 节中的终止准则对目标回波信号进行恢复以实现对干扰信号的抑制。整个基于相关性局部检测的干扰抑制算法流程如图 4 – 20 所示。

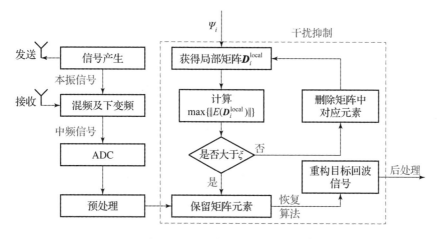

图 4 - 20　基于相关性局部检测的干扰抑制算法流程

4.5.4　干扰抑制算法的理论保证

前文提到，欲保证目标回波信号能从接收信号中被成功提取，在运用压缩感知理论时，感知矩阵的稀疏性和相干性是其必需的理论保证。前面已经分析了信号模型的稀疏性，这里主要对其相干性进行说明。

首先，经过检测或筛选的字典矩阵并不会影响信号压缩恢复时的相干性。这是因为，本书的信号模型可以看作多个宽带线性调频脉冲的组成，每一个周期内的信号均可看成独立的且对应唯一的目标信息，通过多个周期的积累来实现对目标信息的有效提取。当周期内存在干扰信号时，通过检测只是去除了字典矩阵中与目标回波信号无关的元素，并不会影响其他周期内的目标回波信号，因此，只是减弱了信号积累的程度，对矩阵的相干性不会造成影响。

其次，对于单个散射点目标来说，$M, N \in \mathbb{Z}^+$，根据文献［137］中的定理 10，显然有

$$k \leqslant \frac{1}{2\sqrt{2}} \sqrt{\frac{N}{\log(MN-N) - \log\delta}} + \frac{1}{2} \qquad (4-38)$$

式中，$0 < \delta < 1$，因此，感知矩阵的相干性满足

$$P(\mu(A) \leqslant \varepsilon) > 1 - (MN - N) e^{-N\varepsilon^2/2} \qquad (4-39)$$

式中，$0 < \varepsilon < 1$。$P(\mu(A) \leqslant \varepsilon)$ 表示感知矩阵相干性小于等于 ε 的概率。对于单个散射点，$1/(2k-1) = 1$，因此总存在一个 ε 使 $\mu(A) \leqslant 1/(2k-1)$ 满足上式，说明 A 满足互相干性条件。

4.5.5　仿真验证及分析

为了说明本书所提出的方法对干扰抑制以及对目标回波信号恢复的效果，在这一部分进行仿真验证。首先，说明信号参数，特别是信号的相对带宽对感知矩阵互相干性的影响。其次，说明在没有干扰抑制的情况下以及采用本书所提出方法的情况下目标回波信号的恢复表现。最后，验证不同距离条件下，本书所提出方法在距离像提取方面的优势。

4.5.5.1　信号参数对感知矩阵互相干性的影响分析

首先对不同信号参数下感知矩阵的互相干性进行验证。由于载频、脉宽和调制带宽为信号的可变参数，而脉宽的改变直接影响周期的变化，所以这里以相对带宽作为可变参数，即 $B_i/f_i = \mu T_{pi}/f_i$。根据表 3-1 中的信号参数，在频率随机跳变的范围内，相对带宽的取值范围分别为 $[1.23 \times 10^{-3}, 1.27 \times 10^{-3}]$，$[1.64 \times 10^{-3}, 1.69 \times 10^{-3}]$ 和 $[2.05 \times 10^{-3}, 2.12 \times 10^{-3}]$。在不同相对带宽下分别进行 1 000 次蒙特卡洛仿真，每次仿真中计算感知矩阵的互相干性并对其累积分布函数进行计算，同时绘制出相应的理论边界，结果如图 4-21 所示。

图中结果表明，在各自的区间范围内，相对带宽越小，互相干性的概率累积分布函数越大。当相对带宽比较大时，实际的互相干性也可能低于理论的预测值，比如 $B_i/f_i = 1.69 \times 10^{-3}$ 和 $B_i/f_i = 2.12 \times 10^{-3}$ 的情形。然而，当 $B_i/f_i = 2.05 \times 10^{-3}$ 时，对应曲线又高于 $B_i/f_i = 1.69 \times 10^{-3}$ 时的曲线。这说明，相对带宽的变化对感知矩阵互相关性并没有直接影响，更大

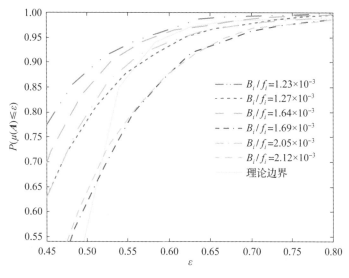

图 4 - 21　感知矩阵互相干性的累积分布函数

的相对带宽并不意味着更差的互相干性。因此，信号的参数改变与感知矩阵互相干性并无直接联系。

4. 5. 5. 2　目标回波信号的恢复表现

对表 4 - 5 中不同周期下目标回波信号恢复的情况进行仿真。图 4 - 22 所示为波形 1 回波中频信号在时域内的恢复结果，输入信号的信噪比设为 20 dB，采样点数为 128。结果表示，在没有干扰抑制的情况下对输入信号压缩恢复，得到的信号与理想回波信号具有较大的差异，而采用本书的干扰抑制方法后，得到的目标回波信号波形与原始波形较为吻合。为了探究其恢复误差，在不同 SNR 下对没有干扰抑制和采用本书的干扰抑制方法的目标回波信号恢复均方根误差（Root Means Square Error，RMSE）进行计算，得到的结果如图 4 - 23 和图 4 - 24 所示。

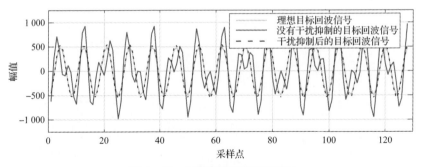

图 4 - 22　目标回波信号时域图

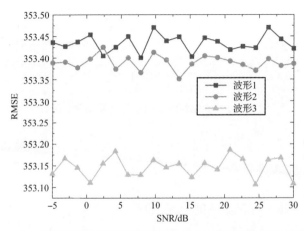

图 4 - 23　无干扰抑制时目标回波信号恢复 RMSE 随 SNR 的变化

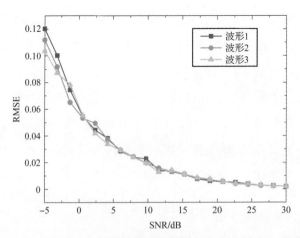

图 4 - 24　用本书方法的目标回波信号恢复 RMSE 随 SNR 的变化

在有干扰存在的情况下，不同周期内的目标回波信号恢复的 RMSE 明显大于采用本书方法恢复的 RMSE，且其变化也无一定的规律可循。这是因为，在不同周期内，由于发射信号本身的多个参数在变化，而干扰信号只是对前期接收到的信号进行复制转发，所以在后面的周期中经过混频会出现不稳定的差频信号，这种差异本身随着信号参数的改变出现较大的随意性，在不采用干扰抑制对目标回波信号进行恢复时，往往无法恢复出真实的目标回波信号。在这种情况下，干扰的影响明显大于噪声的影响，因此图中显示的 SNR 的变化对恢复 RMSE 并无太大影响。当采用本书的方法对目标回波信号进行恢复时，由于在很大程度上抑制了干扰对恢复的影响，使恢复的 RMSE 主要受噪声影响，而本书选择的恢复算法本身也具有一定的噪声抑制能力，所以得到了比较好的恢复效果。可以看出，干扰抑制后不同周期内的信号恢复误差变化具有一致性，所得 RMSE 明显减小，且随着 SNR 的提高恢复信号的 RMSE 也在逐渐减小。

4.5.5.3　距离像上的表现

在验证干扰抑制算法能够对目标回波信号有效恢复的基础上，为了更加直观地观察算法对干扰抑制的表现，进一步从距离像和距离 – 速度图的角度对本书所提出的算法进行验证。假设发射信号的脉冲数为 100，目标到引信的距离分别设置为 10 m、20 m 和 30 m，且弹目的相对运动速度为 400 m/s，对接收到的信号进行积累得到相应的距离像和距离 – 速度图。为了使各个周期内的目标回波信号不发生失真，这里采用加汉宁窗处理，同时去除脉冲间隔在距离像上的影响，得到的结果如图 4 – 25 和图 4 – 26 所示。从图中可以看出，在没有干扰抑制的情况下，无论在何种距离条件下，除了相应目标距离的距离像以外，还出现了很多不同距离处的距离像，这也是因为不同周期内的信号参数不同而使干扰信号差频出现在不同的位置处，从而出现了很多虚假距离像。虽然单纯从距离像中可以看到真实目标回波所对应的距离像结果，但在图 4 – 26 所示的距离 – 速度图中，真实的距离像其实已经被干扰信号淹没。在采用干扰抑制算法后，得到了比较清晰的距离像以及距离 – 速度图，干扰信号几乎被抑制掉，因此对于后期信号处理来说可以更加容易提取相应的距离信息。

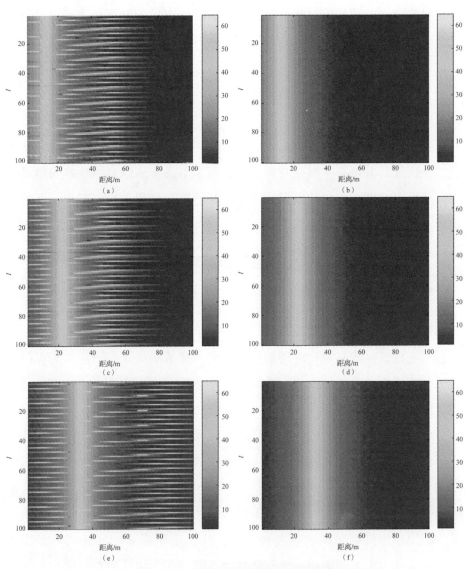

图 4 – 25　不同弹目距离对应的距离像

（a）不采用干扰抑制算法（10 m）；（b）采用干扰抑制算法（10 m）；（c）不采用干扰抑制算法（20 m）；

（d）采用干扰抑制算法（20 m）；（e）不采用干扰抑制算法（30 m）；（f）采用干扰抑制算法（30 m）

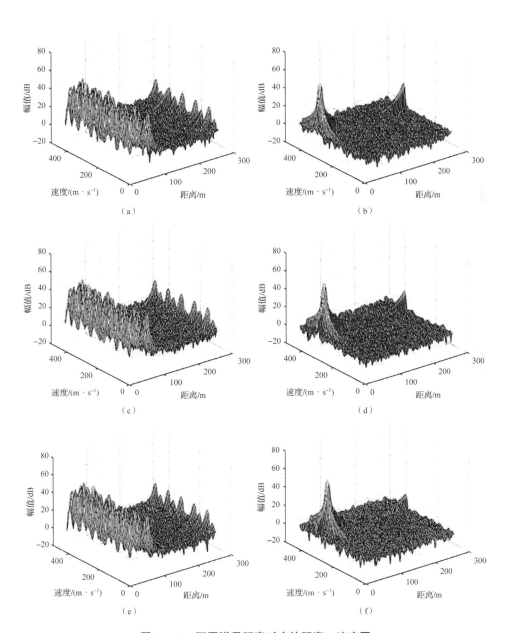

图 4 - 26　不同弹目距离对应的距离 - 速度图

（a）不采用干扰抑制算法（10 m）；（b）采用干扰抑制算法（10 m）；（c）不采用干扰抑制算法（20 m）；

（d）采用干扰抑制算法（20 m）；（e）不采用干扰抑制算法（30 m）；（f）采用干扰抑制算法（30 m）

　　此外，根据图 4 - 25 和图 4 - 26 所示的结果，虽然在采用干扰抑制算法后可以得到比较清晰的距离像，但所得到的目标距离与设定的距离还存在一定的误差。这是因为，多参数复合调制信号的脉宽和周期是不断变化的，在本书中，为了保证对每一个周期内的波形都能进行采样，且兼顾运算量，设定的采样频率为 $1/\min\{T_{pi}\}$，所以在一些周期内，信号的采样并非完全是采样频率的整数倍，这会造成在距离 - 多普勒的网格划分中不能完全匹配相应的信号周期从而使测距出现误差。因此，要实现对目标距离的准确提取，还需要结合其他信号处理算法，后面的章节会对这一问题进行进一步研究。

第5章

多参数复合调制信号的定距算法研究

■ 5.1 引　言

相比于传统单参数改变的信号，多参数复合调制信号表现出更强的隐蔽性和抗截获性。然而，对于无线电近炸引信而言，炸点精度是决定引信能否发挥最大作战效能的关键。在上一章的研究中可以发现，多参数复合调制信号具备抵抗欺骗式干扰的能力，但多个信号参数的改变也给目标距离参数提取造成了不便，导致距离像上得到的距离值与实际值出现了较大的偏差。载频和调制周期的变化会使目标差频中对应的相位不再是固定不变的，而成为符合参数变化序列的变量，如果继续按照传统的信号处理方法，比如采用傅里叶变换对多个周期信号进行相参积累，并不能得到准确的真实目标距离信息。因此，精确的目标距离提取也是多参数复合调制信号处理面临的主要挑战之一。为此，本章针对前文建立的多参数复合调制信号模型，对其应采用的定距算法进行研究，目的在于消除信号参数变化对目标距离参数提取的影响。

多参数复合调制信号本质上属于一种随机调制信号，而现有处理随机调制信号的方法主要针对单个信号参数捷变的情形，但依然可以以此作为参考。对于单参数捷变的随机信号，主要有随机脉冲重复间隔信号和随机频率捷变信号。随机脉冲重复间隔信号会出现距离徙动和距离－速度模糊的现象。为了解决距离徙动，Radon 傅里叶变换[138]和 Radon 分数阶傅里叶变换[139]是两种常用的处理方法。为了进一步消除随机相位的影响，TIAN等人在其基础上提出了 Radon－非均匀分数阶傅里叶变换算法[140]。同时，非均匀采样的观点还被用于抑制多普勒旁瓣[141,142]，但直接采取非均匀采样本身消耗巨大的运算量，实际难以实现。为此，KONG 等人探索了在多普勒域中设计一种优化权重窗的方法来抑制由非均匀脉冲重复间隔引起的旁瓣从而实现距离和速度的不模糊[143]。不过，其采用迭代的方法，并没有消耗太大的运算量。对于随机频率捷变信号而言，重点要解决其参数估计问题。时频分析，如分数阶傅里叶变换[144,145]、短时傅里叶变换[146]等是常用的方法，不过在瞬时频率的估计精度与效率之间往往存在着矛盾，针对频率变化的特点也要结合一些特殊的方法[147,148]。利用频率捷变的特点，文献［149］提出了一种基于捷变带通采样的处理方法。文献［150］提出了一种能够获得合成的距离像的相关处理方法。WANG 等人将稀疏线性回归和正交包络优化的思想引入跳频信号的参数估计以提高估计精度[151]。当然，利用稀疏性，还有一些结合压缩感知和压缩采样理论的方法来估计跳频信号的参数[152]。上述提到的方法都是以单参数捷变的信号为研究对象的。对于多个参数变化的信号而言，接收信号往往表现出更加复杂的现象，因此需要综合考虑各参数变化对信号处理的影响。

为了解决多参数复合调制信号的定距问题，本章首先分析了载频、调制周期等信号参数改变对距离信息提取的影响。为了消除调制周期变化的影响，本章探索了非均匀采样和均匀采样在短时分数阶傅里叶变换（Short－Time Fractional Fourier Transformation，STFrFT）下的转换关系，利用短时分数阶傅里叶变换的聚集性来消除调制周期改变引入的参数估计误差。其次，本章提出了一种新的缩放变换用以消除载频变化对多普勒信息的影响。最后，本章结合稀疏性，构造了相应的稀疏字典用于峰值搜索从而得到估计的距离信息。

5.2　多参数复合调制信号对距离信息提取的影响分析

根据前面多参数复合调制信号的数学模型，第 i 个周期的发射信号，经过下变频后得到的差频信号可表示为

$$r_{bi}(t) = g_i(\tau, f_{di}, t) = U(t)\exp(-j(2\pi(\mu\tau - f_{di})(t - t_i) + 2\pi f_i\tau_0 - \pi\mu\tau^2))$$

$$(5-1)$$

实现距离的准确测量，可以转化成对差频信号频率的准确估计问题。然而，根据式（5-1），差频信号的频率为 $\mu\tau - f_{di}$，相位为 $2\pi f_i\tau_0 - \pi\mu\tau^2$。差频信号的频率受到 f_{di} 的影响，由于发射信号各个周期的载频均不相同，因此，需要寻求一种方法将这种变化的 f_{di} 补偿掉从而减少频点过于分散的现象。考虑到引信与目标的相对运动，还会在时频谱上出现距离徙动和多普勒频率徙动，继而增大了估计的距离和实际距离的误差。另外，载频的变化还会影响差频信号的相位。载频捷变会使各周期的相位出现突变或不连续的现象，导致差频信号频谱的主瓣能量分散，特别是在低信噪比条件下，它会对差频的测量产生不利的影响。

相比于载频变化直接影响差频信号的参数，调制周期的改变对差频信号的影响主要体现在会增大信号采样的误差及测距的固有误差。图 5-1 所示为对变周期信号分别采用均匀采样和非均匀采样的示意。由于信号调制周期改变，当采用传统的等间隔均匀采样时，并不能获得每一个完整的周期信号，从而使采样得到的信号与原始信号出现较大的误差。同时，这种误差会影响后续的频率测量，降低信号参数估计的精度。当然，提高采样率能够在一定程度上减少这种误差，但却对硬件条件提出了更高的要求。非均匀采样能够弥补变周期在信号处理上的误差，但一般直接采用非均匀采样的缺点是实现有些复杂。因此，如果能找到一种转换关系将均匀采样转换成非均匀采样而非直接采用非均匀采样的方式处理变周期信号，则不仅

可以减小测量误差，而且能够降低实际应用的复杂度。另一方面，由于差频频谱本身是离散的，这种离散性导致引信测距也会出现不连续性，从而在测距过程中存在固有误差。这种固有误差的来源是相邻两谐波对应的距离，即两个相邻谱线对应的距离差值。根据引信的测距原理，测距的固有误差与光速、调频率和调制频偏三个因素有关，且与调制频偏成反比。本书中多参数复合调制信号的调频率为定值，但脉宽的改变使调制频偏发生变化，因此导致引信测距的固有误差不再是固定不变，从而会影响引信的定距精度。

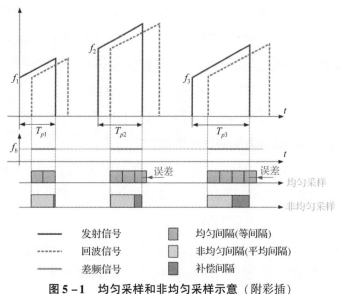

图 5-1　均匀采样和非均匀采样示意（附彩插）

5.3　STFrFT 条件下均匀采样和非均匀采样的关系

5.3.1　STFrFT 的定义与实现原理

多参数复合调制信号比传统信号具有更加复杂的形式，往往表现出非平稳的特性，因此传统的信号时频分析手段并不能很好地描绘信号的细节特征。由于 STFrFT 处理过程中交叉项干扰少和时频聚焦性好，所以它可作为一种有效的时频分析工具对形式复杂的信号进行分析[153]。本书主要借助 STFrFT 对多参数复合调制信号的定距方法进行研究，但目前关于 STFrFT 的定义并不统一，因此有必要对本书采用的 STFrFT 定义进行明确。

　　STFrFT 可视为短时傅里叶变换（Short‐Time Fourier Transformation，STFT）的广义形式。STFT 能够反映截取信号局部时间上的频域特征，但对调频信号的时频分辨能力受到信号调频率的限制，相比之下，STFrFT 的时频分辨能力几乎不受调频率的影响[154]。STFrFT 的概念最早由 MENDLOVIC 等人[155] 提出，到目前为止也发展出了很多不同的形式[156‐159]。这些形式在本质上没有太大的区别，但并没有很好地将 STFT 的经典结果进行一般化。因此，本书主要采用 SHI J. 等人提出的 STFrFT 的定义，其具有更鲜明的物理意义并且比较容易实现[160]，其定义如下：

$$STFrFT(t,u) = \int_{\mathbb{R}} e^{\frac{\tau'^2-t^2}{2}\cot\alpha} e^{-j\tau' u\csc\alpha} h^*(\tau'-t)f(\tau')\mathrm{d}\tau' \qquad (5-2)$$

式中，$f(\tau') \in L^2(\mathbb{R})$；$h(\tau')$ 是低通单位能量窗函数；上标"$*$"表示复数共轭；α 为旋转角，可以理解成将时频平面旋转角度 α 得到的分数阶傅里叶变换域（Fractional Fourier Transformation Domain，FrFTD）的结果。不失一般性，本书仅考虑 $\alpha \in [0,\pi]$ 的情况。当 $\alpha = \pi/2$ 时，式（5‐2）则成为一般的 STFT，因此 STFrFT 的实现可以借助 STFT，具体流程如图 5‐2 所示。

图 5‐2　STFrFT 的实现流程

　　由图 5‐2 可知，实现 STFrFT 可以分三步完成。首先，将输入的信号 $f(t)$ 乘以一个 chirp 信号得到 $f(t)e^{jt^2\cot\alpha/2}$；然后，以 $\csc\alpha$ 为尺度对其进行

STFT, 获得 STFT$(t, u\csc\alpha)$; 最后, 再乘以另一个 chirp 信号完成 STFrFT。

STFrFT 实际上结合了分数阶傅里叶变换和短时傅里叶变换的优点, 其物理意义在于对输入信号 $f(t)$ 乘一个以 t 为中心, 且特征参数可调的窗函数, 并作分数阶傅里叶变换。其实质等价于在各个时间点处截取窗函数来设定窗口宽度内的信号 $f(t)$ 的切片, 从而获得局部 FrFTD 的信号频谱, 这意味着可以通过控制窗函数来调整或改善频率分辨率。此外, 对于含有噪声分量的线性调频信号, 线性调频信号会在 FrFTD 内呈现冲激函数而噪声分量不会有明显的能量聚焦现象。线性调频信号在频域内的能量分布一般处于较宽的频谱范围内, 通过 STFrFT 后, 可以将其调整成与某组基的调频率匹配, 从而实现信号能量的最大程度积累。利用这种聚焦性一方面能提高信号在噪声环境下的检测能力, 另一方面, 对本书的多参数复合调制信号而言, 可以使不同周期内的信号在某种变换下实现能量聚焦从而提高差频的估计精度。

5.3.2 STFrFT 条件下均匀采样和非均匀采样的转换

通过 5.2 节的分析可知, 多参数复合调制信号的调制周期变化会使信号采样过程中出现信号特征信息丢失的现象。而要消除周期变化的影响, 采用非均匀采样的方式是一种切实可行的方法。但是, 如果从硬件角度实现非均匀采样无疑又提高了引信系统设计的复杂度。因此, 本小节探讨在 STFrFT 条件下均匀采样和非均匀采样的关系, 利用数学关系实现均匀采样和非均匀采样的等效转换。

如果以均匀采样的间隔 Δ_t 对 $f(\tau')$ 进行采样, 可以得到离散时间的信号 $f(\tau')\sum_{n\in\mathbb{Z}}\delta(\tau'-n\Delta_t)$。以同样的方式对式 (5-2) 进行离散化, 得到离散的 STFrFT 形式为

$$\text{STFrFT}[m, k_s] = \sum_{n=1}^{N_s} f[n]h^*[n-mN_s]\mathrm{e}^{\frac{\mathrm{j}n^2-(mN_s)^2}{2}\Delta_t^2\cot\alpha}\mathrm{e}^{\mathrm{j}k_s n\frac{2\pi}{M_s}} \quad (5-3)$$

对于所有的 m, 有 $m\in\mathbb{Z}$ 且 $k_s = 1, 2, \cdots, M_s, M_s\in\mathbb{Z}^+$。虽然本书主要对时间域进行离散, 但在实际应用中, 连续的分数阶频率 u 也

应当被离散，因此也要考虑有限数量的分数阶频率。由于分数阶频率是以 $2\pi\sin\alpha/\Delta_t$ 为周期的，故其离散表示为 $u_{k_s}=2k_s\pi\sin\alpha/M_s\Delta_t$。根据式 (5-3)，$f[n]$ 可以通过逆离散 STFrFT 恢复出来，所以有

$$f[n] = \sum_{k_s=1}^{M_s}\sum_{m\in\mathbb{Z}}\mathrm{STFrFT}[m,k_s]\zeta[n-mN_s]\mathrm{e}^{-\mathrm{j}\frac{n^2-(mN_s)^2}{2}\Delta_t^2\cot\alpha}\mathrm{e}^{\mathrm{j}k_sn\frac{2\pi}{M_s}} \quad (5-4)$$

式中，$\zeta[n]$ 可以理解成一个合成窗函数，同样具有一定的低通特性，$\zeta[n]$ 和 $h[n]$ 具有如下关系：

$$\sum_{m\in\mathbb{Z}}h^*[n-mN_s-lM_s]\zeta[n-mN_s] = \frac{1}{M_s}\delta(l),\ l\in\mathbb{Z} \quad (5-5)$$

事实上，式 (5-5) 是保证式 (5-4) 成立的充分条件，其证明如下。

记 $f_r[n]$ 表示式 (5-4) 等号右边的表达式，将式 (5-3) 代入 $f_r[n]$，得到

$$\begin{aligned}
f_r[n] &= \sum_{k_s=1}^{M_s}\sum_{m\in\mathbb{Z}}\sum_{q=1}^{N_s}f[q]h^*[q-mN_s]\mathrm{e}^{\mathrm{j}\frac{q^2-(mN_s)^2}{2}\Delta_t^2\cot\alpha}\mathrm{e}^{-\mathrm{j}k_sq\frac{2\pi}{M_s}}\zeta[n-mN_s]\\
&\quad\cdot\mathrm{e}^{-\mathrm{j}\frac{n^2-(mN_s)^2}{2}\Delta_t^2\cot\alpha}\mathrm{e}^{\mathrm{j}k_sn\frac{2\pi}{M_s}}\\
&= \sum_{m\in\mathbb{Z}}\sum_{q=1}^{N_s}f[q]h^*[q-mN_s]\zeta[n-mN_s]\mathrm{e}^{-\mathrm{j}\frac{n^2-q^2}{2}\Delta_t^2\cot\alpha}\sum_{k_s=1}^{M_s}\mathrm{e}^{\mathrm{j}k_s(n-q)\frac{2\pi}{M_s}}
\end{aligned}$$

$$(5-6)$$

因为

$$\sum_{k_s=1}^{M_s}\mathrm{e}^{\mathrm{j}k_s(n-q)\frac{2\pi}{M_s}} = M_s\delta(n-q-lM_s) \quad (5-7)$$

所以式 (5-6) 可进一步写成

$$\begin{aligned}
f_r[n] &= \sum_{m\in\mathbb{Z}}\sum_{q=1}^{N_s}f[q]h^*[q-mN_s]\zeta[n-mN_s]\mathrm{e}^{-\mathrm{j}\frac{n^2-q^2}{2}\Delta_t^2\cot\alpha}M_s\delta(n-q-lM_s)\\
&= f[n-lM_s]\mathrm{e}^{-\mathrm{j}\frac{n^2-(n-lM_s)^2}{2}\Delta_t^2\cot\alpha}M_s\sum_{m\in\mathbb{Z}}h^*[n-lM_s-mN_s]\zeta[n-mN_s]
\end{aligned}$$

$$(5-8)$$

又因为 $f_r[n]=f[n]$，所以当式 (5-5) 满足时，才能保证 $f_r[n]=f[n]$，证毕。

假设补偿采样间隔为 $\xi_0 \Delta_t$，ξ_0 一般为非整实数且 $\xi_0 \in [0,1)$。根据式（5-4），当以非均匀采样方式对 $f(\tau')$ 进行离散时，可以得到非均匀离散时间信号 $\tilde{f}[n]$ 为

$$\tilde{f}[n] = f[n + \xi_0] = \sum_{k_s=1}^{M_s} \sum_{m \in \mathbb{Z}} \mathrm{STFrFT}[m,k_s]$$

$$\zeta[n + \xi_0 - mN_s] \mathrm{e}^{-\mathrm{j}\frac{(n+\xi_0)^2 - (mN_s)^2}{2}\Delta_t^2 \cot\alpha} \mathrm{e}^{\mathrm{j}k_s(n+\xi_0)\frac{2\pi}{M_s}}$$

$$(5-9)$$

类比式（5-3），非均匀采样条件下的 STFrFT 可以表示为

$$\mathrm{NuSTFrFT}[m,k_s] = \sum_{n=1}^{N_s} \tilde{f}[n] h^*[n - mN_s] \mathrm{e}^{\mathrm{j}\frac{n^2 - (mN_s)^2}{2}\Delta_t^2 \cot\alpha} \mathrm{e}^{-\mathrm{j}k_s n\frac{2\pi}{M_s}}$$

$$(5-10)$$

将式（5-9）代入式（5-10），得到

$$\begin{aligned}
\mathrm{NuSTFrFT}[w,k] &= \sum_{n=1}^{N_s} \sum_{k_s=1}^{M_s} \sum_{m \in \mathbb{Z}} \mathrm{STFrFT}[m,k_s] \zeta[n + \xi_0 - mN_s] h^*[n - mN_s] \\
&\quad \cdot \mathrm{e}^{-\mathrm{j}\frac{(n+\xi_0)^2 - (mN_s)^2}{2}\Delta_t^2 \cot\alpha} \mathrm{e}^{\mathrm{j}k_s(n+\xi_0)\frac{2\pi}{M_s}} \mathrm{e}^{\mathrm{j}\frac{n^2 - (wN_s)^2}{2}\Delta_t^2 \cot\alpha} \mathrm{e}^{-\mathrm{j}k_n\frac{2\pi}{M_s}} \\
&= \sum_{n=1}^{N_s} \sum_{k_s=1}^{M_s} \sum_{m \in \mathbb{Z}} \mathrm{STFrFT}[m,k_s] \zeta[n + \xi_0 - mN_s] h^*[n - mN_s] \\
&\quad \cdot \mathrm{e}^{-\mathrm{j}\frac{2n\xi_0 + \xi_0^2}{2}\Delta_t^2 \cot\alpha} \mathrm{e}^{-\mathrm{j}\frac{(w^2 - m^2)N_s^2}{2}\Delta_t^2 \cot\alpha} \mathrm{e}^{\mathrm{j}k_s\xi_0\frac{2\pi}{M_s}} \\
&= \sum_{k_s=1}^{M_s} B[w,k_s] \mathrm{STFrFT}[m,k_s]
\end{aligned}$$

$$(5-11)$$

式中，

$$B[w,k_s] = \sum_{n=1}^{N_s} W[n] \sum_m \mathrm{e}^{-\mathrm{j}\frac{2n\xi_0 + \xi_0^2}{2}\Delta_t^2 \cot\alpha} \mathrm{e}^{-\mathrm{j}\frac{(w^2 - m^2)N_s^2}{2}\Delta_t^2 \cot\alpha} \mathrm{e}^{\mathrm{j}k_s\xi_0\frac{2\pi}{M_s}} \quad (5-12)$$

此处，在式（5-11）中采用了近似处理。因为 $\xi_0 \in [0,1)$，所以可以将 $\zeta[n + \xi_0 - mN_s]$ 认为是在离散 $\zeta[n - mN_s]$ 时的微弱扰动，继而得到如下近似：

$$\zeta[n + \xi_0 - mN_s] h^*[n - mN_s] \approx \zeta[n - mN_s] h^*[n - mN_s] \quad (5-13)$$

又根据式（5-5），当 $l=0$ 时，有

$$W[n] = \sum_m \zeta[n + \xi_0 - mN_s]h^*[n - mN_s] \approx \frac{1}{M_s}\delta(0) \quad (5-14)$$

上述过程表明，对于均匀采样的 STFrFT，可以利用式（5-11）将其等效成非均匀采样下的 STFrFT，这其实给后面的处理带来了便利。可以按照等间隔采样的方式对信号进行预先处理，而后借助式（5-11）中均匀采样和非均匀采样之间的关系消除由均匀采样造成的相应误差。这里需要说明，虽然在式（5-11）中也采用了相应的近似，但其误差比等间隔采样造成的误差要小得多。在变周期信号中等间隔采样误差会随着周期数的增加而逐渐增大，但由近似产生的误差在各个周期内均维持在一个较小的区间内，相比于前者，当周期数比较大时可以将这种误差忽略。图5-3所示为均匀采样和非均匀采样随信号周期数的误差变化。由图可知，均匀采样造成的测量误差会随着周期数的增加而线性积累。这是因为在对信号均匀采样时，频率分辨率是保持不变的，由频率分辨率造成的误差会随着周期数的增加而线性增大。而非均匀采样有效减少了不同周期内的采样误差，得到的测量误差虽然也会随周期数的增加而积累，但积累的速度明显小于均匀采样时的情况。因此，通过式（5-11）可以对由均匀采样造成的频率测量误差进行一定的修正，从而减少由变周期造成的误差影响。

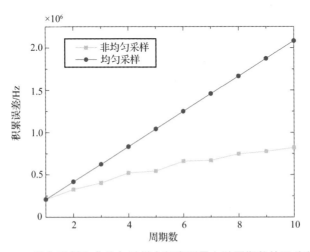

图 5-3　均匀采样和非均匀采样在频率测量上随周期数的误差积累

◼ 5.4　基于稀疏非均匀 STFrFT 的定距算法

通过非均匀采样下的 STFrFT 可以减少多参数复合调制信号中变周期频率测量的误差，但载频捷变的影响依然存在，需要进一步对由载频造成的多普勒频率进行补偿。同时，前面提到多参数复合调制信号本身是具有稀疏性的，因此考虑根据压缩感知的思想在稀疏域中实现对多参数复合调制信号的定距。

5.4.1　一种新的缩放变换

首先对多参数复合调制信号的回波差频信号进行 STFrFT 处理，将式（5-1）代入式（5-2），得到

$$\text{STFrFT}(t,u)=\int_{\mathbb{R}} e^{j\frac{\tau'^2-(t-t_i)^2}{2}\cot\alpha}e^{-j\tau'u\csc\alpha}h^*(\tau'-t+t_i)U(t)e^{-j(2\pi(\mu\tau-f_{di})\tau'+2\pi f_i\tau_0-\pi\mu\tau^2)}d\tau'$$

$$=U(t)e^{-j\left(\frac{(t-t_i)^2}{2}\cot\alpha+2\pi f_i\tau_0-\pi\mu\tau^2\right)}\int_{\mathbb{R}}e^{j\frac{1}{2}\tau'^2\cot\alpha}h^*(\tau'-t+t_i)$$

$$\cdot e^{-j(2\pi(\mu\tau-f_{di})+u\csc\alpha)\tau'}d\tau'$$

$$(5-15)$$

上式表明，经过 STFrFT 后，f_{di} 依然存在于时间–分数阶频率域内，这会影响目标距离信息对应差频的测量。由 $f_{di}=(2v_r/c)f_i$ 可知，f_{di} 由相对运动引起，并不会在时间域上造成影响，而且经过 STFrFT 后的目标差频只是在分数阶傅里叶域内聚焦，因此只需在分数阶傅里叶域内处理。为了消除 f_{di} 在分数阶傅里叶域内的影响，受 Keystone 变换（Keystone Transformation，KT）的启发，本书定义了一种类似 KT 的新的缩放变换，即

$$\Gamma_\alpha[L(t,u)]\rightarrow L\left(t,\frac{2\pi f_{di}}{\csc\alpha}u_1\right)\qquad(5-16)$$

式中，Γ_α 为缩放因子；$L(t,u)$ 为需缩放处理的函数；u_1 为缩放后的分数

阶傅里叶域变量。STFrFT 本身是将时频面进行旋转后对各信号分量聚焦,旋转角度决定了变换后信号能量的积累程度,原则上可以将各个周期的信号分量聚焦在可选范围内的任意角度。由于本书中的多参数复合调制信号在各个周期内的调频率保持一致,省去了在各个周期内处理时对最佳角度搜索的麻烦,同时,中频信号的调频率与发射信号的调频率是相同的,所以为了达到较好的聚焦效果,旋转角度可以设定为 $\mathrm{arccot}\mu$。对式(5-15)应用 Γ_α,可以得到

$$
\begin{aligned}
\mathrm{STFrFT}(t, u_1) &= \Gamma_\alpha \big[\mathrm{STFrFT}(t, u)\big] \\
&= \mathrm{STFrFT}\left(t, \frac{2\pi f_{di}}{\csc\alpha} u_1\right) \\
&= U(t)\,\mathrm{e}^{-\mathrm{j}\left(\frac{(t-t_i)^2}{2}\cot\alpha + 2\pi f_i \tau_0 - \pi\mu\tau^2\right)} \int_{\mathbb{R}} \mathrm{e}^{\mathrm{j}\frac{1}{2}\tau'^2\cot\alpha} h^*(\tau' - t + t_i)\,\mathrm{e}^{-\mathrm{j}(2\pi\mu\tau + u_1)\tau'}\,\mathrm{d}\tau'
\end{aligned}
$$

$$(5-17)$$

类似式(5-3),对上式离散化,得到

$$
\begin{aligned}
\mathrm{STFrFT}[m, k_s] &= U[mN_s]\,\mathrm{e}^{-\mathrm{j}(2\pi f_i \tau_0 - \pi\mu\tau^2)} \sum_{n=1} \mathrm{e}^{\mathrm{j}\frac{n^2 - (mN_s)^2}{2}\Delta_i^2\cot\alpha}\,\mathrm{e}^{-\mathrm{j}(2\pi\mu\tau n\Delta_i)} \\
&\quad \cdot h^*(n - mN_s)\,\mathrm{e}^{-\mathrm{j}k_r n\frac{2\pi}{M_i}\sin\alpha}
\end{aligned}
$$

$$(5-18)$$

式(5-18)表明,无论窗函数如何选取,回波差频信号的 STFrFT 频谱的峰值位置始终是确定的且分布在平行于时间轴的谱线上。对于不同的载频 f_i,影响的只是 $\mathrm{e}^{-\mathrm{j}(2\pi f_i \tau_0 - \pi\mu\tau^2)}$ 项,该项与时间和分数阶频率均无关,反映在频谱上,只是改变了频谱的幅值,对谱线位置并没有实际影响。因此,经过缩放变换 Γ_α 后,消除了载频变化对差频测量误差的影响。

5.4.2　稀疏域中的相参集成

因为 STFrFT 和本书所提出的缩放变换均是线性变换,上述所有的处理均为线性的,所以本书所提出的缩放变换并不会改变式(5-11)中均匀采样和非均匀采样的关系。考虑到本书的大带宽多参数复合调制信号本身具有稀疏性,为了加速信号分析和集成,将离散后的短时分数阶傅里叶

变换在稀疏域中进行表示，得到多参数复合调制信号的稀疏短时分数阶傅里叶变换的基本框架，继而通过峰值搜索算法确定目标差频在稀疏短时分数阶傅里叶域中距离像的峰值坐标，得到最终估计的目标距离。

依然假设发射的脉冲数为 I，根据式（5-18），得到整个回波差频信号的 STFrFT 为

$$\text{STFrFT}[m,k_s] = \sum_{i=1}^{I} \left[U[mN_s] e^{-j(2\pi f_i \tau_0 - \pi\mu\tau^2)} \sum_{n=1}^{} e^{j\frac{n^2-(mN_s)^2}{2}\Delta_t^2\cot\alpha} e^{-j(2\pi\mu\tau n\Delta_t)} \cdot \right.$$
$$\left. h^*(n-mN_s) e^{-jk_s n\frac{2\pi}{M_s}\sin\alpha} \right] \tag{5-19}$$

将上式代入式（5-11），同时为了简化运算，不妨令 $w=m$，得到回波差频信号在非均匀采样下的 STFrFT 的表达式为

$$\text{NuSTFrFT}[m,k_s] = W\sum_{k_s=1}^{M_t} B[m,k_s] \sum_{i=1}^{I} \left[U[mN_s] e^{-j(2\pi f_i \tau_0 - \pi\mu\tau^2)} \right.$$
$$\left. \sum_{n=1}^{} e^{j\frac{n^2-(mN_s)^2}{2}\Delta_t^2\cot\alpha} e^{-j(2\pi\mu\tau n\Delta_t)} \cdot h^*(n-mN_s) e^{-jk_s n\frac{2\pi}{M_s}\sin\alpha} \right]$$
$$= \sum_{i=1}^{I} e^{-j(2\pi f_i \tau_0 - \pi\mu\tau^2)} U[mN_s] \sum_{k_s=1}^{M_t} B[m,k_s] \left[\sum_{n=1}^{} e^{j\frac{n^2-(mN_s)^2}{2}\Delta_t^2\cot\alpha} \right.$$
$$\left. \cdot e^{-j(2\pi\mu\tau n\Delta_t)} \cdot h^*(n-mN_s) e^{-jk_s n\frac{2\pi}{M_s}\sin\alpha} \right]$$
$$= \sum_{i=1}^{I} e^{-j(2\pi f_i \tau_0 - \pi\mu\tau^2)} U[mN_s] \sum_{k_s=1}^{M_t} B[m,k_s] S[m,k_s]$$
$$\tag{5-20}$$

式中，

$$S[m,k_s] = \sum_{n=1}^{} e^{j\frac{n^2-(mN_s)^2}{2}\Delta_t^2\cot\alpha} e^{-j(2\pi\mu\tau n\Delta_t)} h^*(n-mN_s) e^{-jk_s n\frac{2\pi}{M_s}\sin\alpha}$$
$$\tag{5-21}$$

进一步，假设 m 的个数等于 I，则式（5-20）的矩阵形式表示为

$$Y[m,k_s] = F \cdot c \cdot B \cdot S \tag{5-22}$$

式中，Y 表示 $\text{NuSTFrFT}[m,k_s]$ 的矩阵形式。

$$F = \text{diag}(e^{-j(2\pi f_1 \tau_0 - \pi\mu\tau^2)}, e^{-j(2\pi f_2 \tau_0 - \pi\mu\tau^2)}, \cdots, e^{-j(2\pi f_I \tau_0 - \pi\mu\tau^2)}) \tag{5-23a}$$

$$c = \mathrm{diag}(U[N_s], U[2N_s], \cdots, U[IN_s]) \tag{5-23b}$$

$$B = \begin{bmatrix} B[1,1] & \cdots & B[1,M_s] \\ \vdots & \ddots & \vdots \\ B[I,1] & \cdots & B[I,M_s] \end{bmatrix} \tag{5-23c}$$

$$S = \begin{bmatrix} S[1,1] & \cdots & S[1,M_s] \\ \vdots & \ddots & \vdots \\ S[I,1] & \cdots & S[I,M_s] \end{bmatrix}^{\mathrm{T}} \tag{5-23d}$$

式（5-20）和式（5-22）表明，目标差频信息聚集在矩阵 S 中。对于有限个目标而言，其回波差频在频谱上也应当是稀疏的。由于 STFrFT 是一种线性变换，所以不会改变回波信号的稀疏性。对于本书具有稀疏性的多参数复合调制信号而言，STFrFT 可看成一种稀疏变换。这样，根据式（5-22）可以构造相应的字典，$F \cdot c \cdot B$ 可以作为测量矩阵。

在上述稀疏域条件下的分数阶傅里叶域内进行峰值搜索，并获得最大峰值坐标：

$$(m_{\max}, k_{s\max}) = \mathrm{argmax}\,|Y| \tag{5-24}$$

则位置 $k_{s\max}$ 对应目标回波差频，根据距离公式，得到测量的相应目标距离为

$$R = \frac{k_{s\max} u_{k_s} c}{2\mu} \tag{5-25}$$

至此，完成了多参数复合调制信号的定距，整个定距算法流程如图 5-4 所示。对回波差频信号预先进行 STFrFT 处理，然后实施缩放变换，前面的过程均在均匀采样条件下进行，因此并没有改变信号采样电路的结构。根据均匀采样和非均匀采样的数学关系将缩放变换后的信号等效表示成非均匀采样条件下的信号，最后在稀疏域中构建测量矩阵并进行峰值搜索获得最终的目标距离。

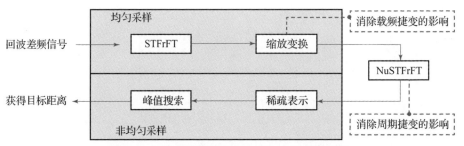

图 5 – 4 基于稀疏非均匀 STFrFT 的测距流程

5.4.3 多参数复合调制信号定距算法的补充说明

在利用图 5 – 4 中的流程对多参数复合调制信号进行处理时，应当注意待处理信号对象的参数变化范围。首先，本书所提出的算法针对的是多参数复合调制信号。这种信号的参数应当在给定的带宽内变化。在采用 STFrFT 时，对信号的处理实际反映在了对窗函数 $h(n)$ 的控制，为了便于算法实施，一般采用简单的高斯窗，而不同的窗长会直接影响最终的测距误差（这一点将在后续的仿真中说明）。如果信号参数的变换范围比较大，则需要设计更好的窗函数或相应的滤波器，这无疑给处理算法或后期实际的电路设计增加了难度。

其次，本书所提出的算法是以 STFrFT 为基础的，文献 [161] 证明了 FrFT 和 FFT 具有近乎相同的计算量，因此本书所提出的算法与一般的基于 FFT 的算法在计算量上并没有太大区别。本书所提出的算法的计算量主要体现在两个方面，一个是缩放变换，另一个是非均匀采样的转换。缩放变换与 KT 类似，均属于线性变换且不会显著增加算法的计算量。而与传统非均匀采样采用硬件电路实现不同，本书所提出的算法全部在数字域中实现，虽然在转换过程中的矩阵乘法会消耗部分计算量，但减轻了硬件的压力，而且在后续过程中还可以通过算法优化来消除这部分计算量。

5.5　仿真验证及分析

为了说明本书所提出的定距方法在处理多参数复合调制信号上的表现，本节通过仿真和数值分析对算法的相关性能进行验证。首先，在单周期条件下验证本书所提出的缩放变换对多普勒消除的有效性；其次，验证多周期条件下算法的处理效果。由于在前一章已经实现了对接收信号中干扰信号的抑制，所以这里主要验证在噪声和杂波环境下算法的性能，分别在噪声环境下和考虑地杂波条件下验证目标距离估计的表现并对结果进行分析。

5.5.1　单周期性能表现及分析

只考虑单个周期内的信号时，可以暂且忽略信号参数变化的影响。这时，先验证本书所提出的缩放变换对多普勒频率的影响。假设载波频率在 V 波段，调制周期为 3 μs，调频率为 25 MHz/μs，$N_s = 100$，$M_s = 1\ 024$。当弹目测试距离设置为 30 m 时，图 5 - 5 给出了弹目相对速度分别为 300 m/s 和 400 m/s 的缩放变换前、后差频信号的幅频曲线。可以看出，差频信号在经过本书所提出的缩放变换处理后，频谱峰值位置更加接近理论计算的差频点，这说明由弹目相对运动引起的多普勒频率可以通过本书提出的缩放变换得到补偿，减少相应的频率测量误差。为了量化这种误差大小，继续在不同距离和不同速度条件下对差频误差进行仿真，得到的结果如表 5 - 1 所示。表中结果显示，对于没有经过缩放变换处理的情况，在同一距离下误差值受到速度变化的影响。由于多普勒变化与速度有关，所以误差也会相应变化，且通常速度越大变化越明显。通过对比可以发现，经过缩放变换后的测量误差明显减小，且由于消除了多普勒的影响，其误差在各个速度内均保持恒定，即经过缩放变换后不再因为弹目相对运动在差频测量上产生误差，此时的误差来源主要与系统采样误差有关。这也从另一角度说明本书所提出的缩放变换可以用于消除载频对差频测量的影响，因为弹目相对运动产生的多普勒频率与载频有关，若载频是变化的，则即便同一速度下不同周期的多普勒频率也是变化的。而经过缩放变换处理后的信号不受弹目相对运动的影响，自然减少了载频变化对差频的影响。

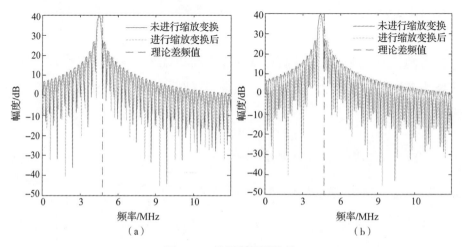

图 5 − 5 单周期频谱比较

（a）弹目相对速度为 300 m/s；（b）弹目相对速度为 400 m/s

表 5 − 1 不同条件下频谱峰值测量误差

弹目距离/m	缩放变换前/MHz	缩放变换后/MHz	缩放变换前/MHz	缩放变换后/MHz	缩放变换前/MHz	缩放变换后/MHz
	$v = 300$ m/s		$v = 350$ m/s		$v = 400$ m/s	
10	0.104 2	0.026 0	0.136 7	0.026 0	0.136 7	0.026 0
15	0.091 1	0.039 1	0.123 7	0.039 1	0.123 7	0.039 1
20	0.078 1	0.019 5	0.110 7	0.019 5	0.143 2	0.019 5
25	0.065 1	0.032 6	0.097 7	0.032 6	0.130 2	0.032 6
30	0.084 6	0.045 6	0.084 6	0.045 6	0.117 2	0.045 6

5.5.2　多周期性能表现及分析

以三个周期为例，载频变化范围均在带宽内，三个周期的载频序列设置按照第 3 章中的混沌映射序列进行排列。脉宽序列设置为 {3 μs，4 μs，5 μs}。其他参数与前述保持一致。先采用传统 STFrFT 对上述多参数复合调制信号进行处理。图 5-6 所示为频谱图和时频分布。图 5-6 表明，在仅进行传统 STFrFT 后，频谱峰值处相对分散，而且比较难以确定目标差频对应的真实频率。与单周期信号不同，当处理多个信号周期时，由于各个周期多个信号参数同时发生改变，出现了多个差频点且这些差频点在频谱上的分布是杂散且无序的。因此，对于多参数复合调制信号的参数提取，采用传统的时频分析处理已经没有实质意义。然后，利用本书所提出的算法对多参数复合调制信号进行处理，类似上一小节，在采用本书所提出的算法时先比较采用缩放变换和不采用缩放变换的情况，得到的频谱图分别如图 5-7 和图 5-8 所示。

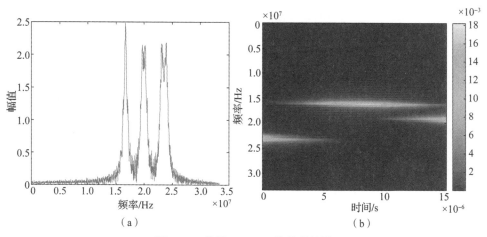

图 5-6　传统 STFrFT 的处理结果

（a）频谱图；（b）时频分布

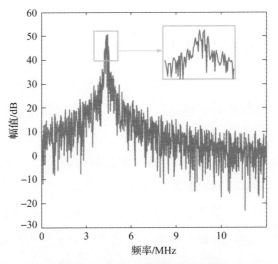

图 5 - 7   不进行缩放变换的频谱

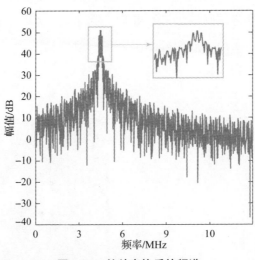

图 5 - 8   缩放变换后的频谱

图 5 - 7 和图 5 - 8 均采用了图 5 - 4 中的处理流程，区别仅在于图 5 -
7 不进行缩放变换。观察两图可以发现，本书所提出的算法对于杂散的频
率具有一定的聚集作用。在没有进行缩放变换时，频谱图上的峰值位置处
依然存在一些杂散无规律的频点。而经过缩放变换后，这种现象明显得到
改善。在图 5 - 8 中的频谱峰值位置处出现了 3 个幅度相近的频点。此时，

可以通过合理地设置窗长或分辨率来达到系统的误差要求。当然，为了更直观地观察各个周期内的差频，在不同窗长条件下采用本书提出的算法处理差频信号得到的时频图如图 5 – 9 所示。

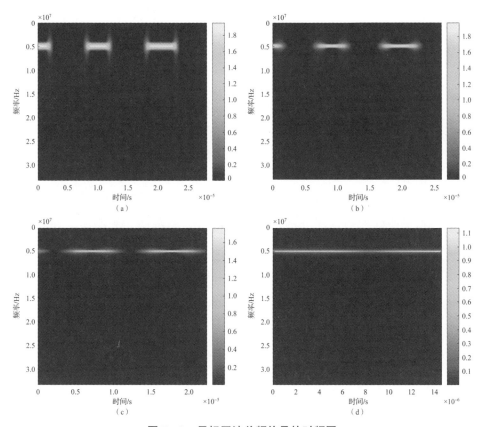

图 5 – 9　目标回波差频信号的时频图

(a) 窗长为 64；(b) 窗长为 128；(c) 窗长为 256；(d) 窗长为 512

图 5 – 9 表明，三个周期内的差频均平行于时间轴且近似位于同一频率处，这与前述分析是一致的。这说明本书所提出的算法具有校正不同周期信号的能力。此外，由于信号形式的限制，当窗长较短时 ［图 5 – 9 (a) 和 (b)］，脉冲间隔使频率值随时间变化时出现了间隙，这与图 5 – 8 中三个频率峰值的情形是类似的。不过，对于实际的目标测距而言，人们更希望获得一种随时间稳定的差频。幸运的是，当改变窗长时，这种现象

得到了改善。窗长的增大实际上改变了频率和时间的分辨率，这就使多个频率分量进一步聚焦。虽然峰值数值有所下降，但这并不会影响对峰值位置的估计，从而达到对差频的准确测量。从理论上讲，窗长越大，定距精度越高。因此，对于多个周期信号的相参处理，实际上转换成了对窗函数 $h(n)$ 的控制，通过改变 $h(n)$ 的长度可以得到想要的分辨率，进而减小频率测量误差。

5.5.3　噪声环境下算法的定距性能分析

为探究本书所提出的算法在噪声环境下的表现，分别在输入信号上添加不同分贝的高斯白噪声。设置探测距离为 30 m，弹目相对运动速度为 400 m/s。当窗长设定为 128 时，在输入信噪比为 −5 dB 和 5 dB 的条件下得到经本书所提出的算法处理后的差频信号频谱图和二维距离 − 速度图，如图 5 − 10 和图 5 − 11 所示。类似地，可以得到窗长为 512 时，经本书所提出的算法处理后的频谱图和二维距离 − 速度图，如图 5 − 12 和图 5 − 13 所示。

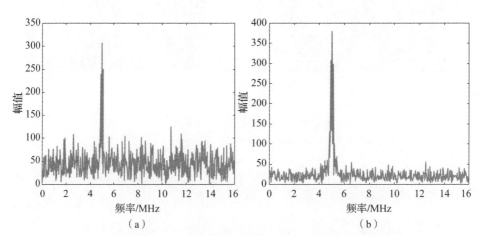

图 5 − 10　窗长为 128 时经本书所提出算法处理得到的频谱图

（a）SNR = −5 dB；（b）SNR = 5 dB

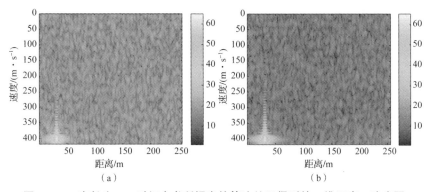

图 5 - 11　窗长为 128 时经本书所提出的算法处理得到的二维距离 - 速度图

（a）SNR = - 5 dB；（b）SNR = 5 dB

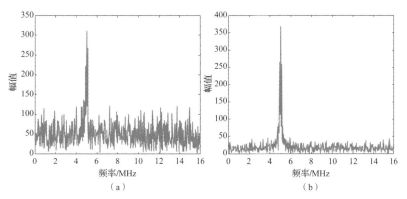

图 5 - 12　窗长为 512 时经本书所提出的算法处理得到的频谱图

（a）SNR = - 5 dB；（b）SNR = 5 dB

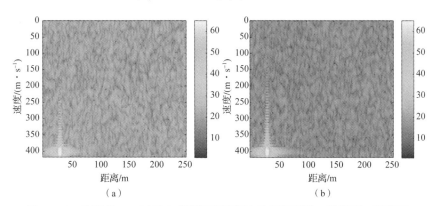

图 5 - 13　窗长为 512 时经本书所提出的算法处理得到的二维距离 - 速度图

（a）SNR = - 5 dB；（b）SNR = 5 dB

结果表明，在噪声环境下，经本书所提出的算法处理后的差频频谱依然有明显的峰值。在二维距离－速度图上，对应设定的探测距离和速度位置处的幅值也明显区别于其他位置。当窗长为 128 时，在信噪比为 -5 dB 和 5 dB 条件下图中的平均定距误差为 0.67 m，而当窗长为 512 时，在上述信噪比条件下的平均定距误差为 0.15 m。可见，窗长的改变对误差的影响依然符合前文的分析。当然，添加的噪声本身具有一定的随机性，为了进一步探究噪声对算法性能的影响，下面采用蒙特卡洛仿真试验，即在每一个输入信噪比下进行 1 000 次仿真。同时，类似恒虚警率探测，通过探测概率来描述算法的定距性能。这里可以将定距误差设置成一个相对小的值来表征算法在噪声环境下的探测概率。当差频频谱的峰值频率与理论值的误差小于 0.167 kHz 时认为满足要求，即准确探测到真实目标，此时对应的距离误差控制为 0.01 m。改变 $h(n)$ 的长度和弹目相对运动速度大小。在不同距离条件下满足上述误差要求的探测概率曲线如图 5-14 所示。可以看出，随着信噪比的提高，当噪声分量越来越少时，探测到真实距离的概率逐渐提高。对比图 5-14（a）和（b）可以发现，弹目相对速度对曲线变化的趋势基本没有太大影响，这进一步说明采用本书所提出的算法后消除了多普勒的影响，此外也不受测试距离的影响。但是，窗长的改变依然会影响探测效果。这与上一小节的分析结果是一致的。在相同的条件下，窗长越大，探测到真实距离的概率越高，说明此时处理效果越好。

5.5.4   考虑地杂波时算法的定距性能分析

在第 4 章中已经对引信接收信号中的干扰信号抑制算法进行了研究，因此这里对定距算法的验证不再考虑干扰信号的影响。但是，当作用目标为金属目标（比如坦克或步战车等）时，近炸引信在接近地面时会受到目标区域内地杂波的影响。虽然在通常情况下，目标回波的强度会高于地杂波的强度，但也要注意在这种情况下引信的定距算法是否有效。考虑到实

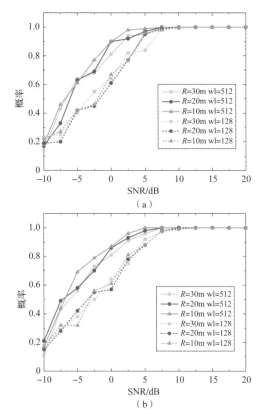

图 5 - 14　不同条件下的探测概率（wl 表示窗长）

（a）弹目相对速度为 300 m∕s；（b）弹目相对速度为 400 m∕s

际的工作环境，在引信的接收信号中不可避免地会存在地杂波，因此本小节主要在考虑地杂波的条件下对本书所提出的算法进行验证和分析。

　　现有的地杂波模型包括 Rayleigh 分布模型、Weibull 分布模型、Rice 分布模型以及对数正态分布模型等。Weibull 分布模型适用于较为平坦、无高大遮挡的地表环境；Rice 分布模型适用于模拟较大散射分布的地面，相比于 Weibull 分布模型，Rice 分布模型的适用情况更有限；Rayleigh 分布模型是 Weibull 分布模型和 Rice 分布模型的一种特例；对数正态分布模型能够描述具有一定起伏的地表环境。考虑到引信实际的工作环境地面可能有一定的起伏，因此，这里对输入信号加上对数正态分布的地杂波。依然先对前述的三个周期信号进行仿真，同时输入 SNR = 5 dB，探测距离为 30 m，弹目相对运动速度设置为 400 m/s，其他仿真条件保持不变，得到图 5-15 所示结果。可以看出，尽管接收信号同时受到地杂波和噪声的影响，但经过本书所提出的算法的处理后，在频谱图上依然能够看到清晰的峰值位置。时频图也反映出目标位置对应的差频在地杂波环境下能够保持稳定，目标差频峰值对应的能量也高于地杂波和噪声的能量，有助于对目标距离的提取，这说明本书所提出的算法在地杂波条件下依然有效。

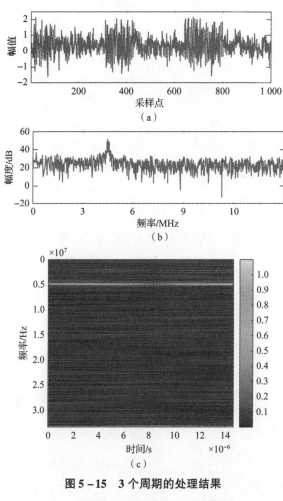

图 5-15　3 个周期的处理结果

（a）时域图；（b）频域图；（c）时频图

　　进一步，为了在地杂波条件下更加直观地比较本书所提出信号处理流程每一步的必要性，同时验证更多周期条件下的表现，分别在不同距离下得到相应的距离像和距离 – 速度图。由图 5 – 4 所示的处理流程可知，本书提出的基于稀疏非均匀 STFrFT 的定距算法的关键在于对信号进行缩放变换和非均匀采样的转换，因此，在下面的仿真中，对这两个步骤分别进行验证。假设发射的脉冲数为 100，周期变换序列与前文保持一致，载频在带宽内按照第 2 章中设计的序列捷变，弹目相对运动速度为 400 m/s，弹目距离分别设置为 10 m 和 30 m，$h(n)$ 的长度设定为 256。图 5 – 16 首先给出了仅进行 STFrFT 而不采取缩放变换和非均匀采样转换的结果。可以看出，仅进行 STFrFT 后在距离图上出现了不连续变化的距离像，这是由于周期变化的影响。同时，在载频捷变的影响下，不同距离处均出现了距离偏移现象。图 5 – 16 (c) 和 (d) 表明，在真实距离附近出现了很多杂散的波峰，从而无法识别出具体的速度和准确的距离信息。这说明单纯采用 STFrFT 并不能很好地对多参数复合调制信号的距离信息进行提取。随后，在 STFrFT 的基础上采用缩放变换，得到的结果如图 5 – 17 所示。可以发现，采用缩放变换后的距离 – 速度图有了明显改善，峰值开始出现了聚焦。然而，如前文所述，缩放变换主要用于消除载频捷变的影响。由于信号周期变化的影响，此时的误差依然存在，在图 5 – 17 (a) 和 (b) 所示的距离图上可以看出这种影响并没有完全消除。接着，继续利用 STFrFT 条件下均匀采样和非均匀采样的转换对前面的结果进行处理，得到最终的距离像和距离 – 速度图，如图 5 – 18 所示。可以看到，在距离图上得到了比较清晰的距离像。在距离 – 速度图上也仅出现了一个相对理想的峰值。图 5 – 18 (c) 中对应的速度和距离估计结果分别为 404.2 m/s 和 10.67 m，图 5 – 18 (d) 中对应的速度和距离估计结果分别为 405.3 m/s 和 30.58 m，均与理论值比较接近，测距误差也在 1 m 以内，这说明本书所提出的算法在地杂波环境下也表现出了有效的探测能力。

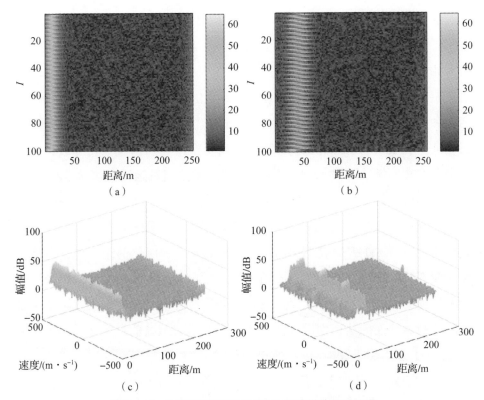

图 5 – 16　不进行缩放变换和非均匀采样的处理结果

（a）$R = 10$ m 时的距离像；（b）$R = 30$ m 时的距离像；

（c）$R = 10$ m 时的距离 – 速度图；（d）$R = 30$ m 时的距离 – 速度图

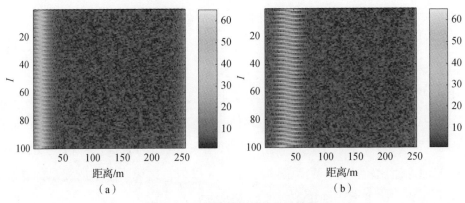

图 5 – 17　缩放变换后的处理结果

（a）$R = 10$ m 时的距离像；（b）$R = 30$ m 时的距离像

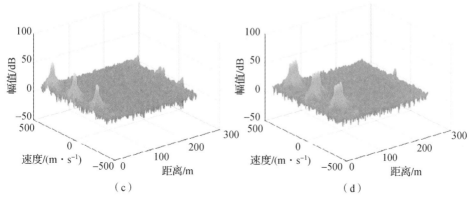

图 5 – 17　缩放变换后的处理结果 （续）

（c）$R = 10$ m 时的距离 – 速度图；（d）$R = 30$ m 时的距离 – 速度图

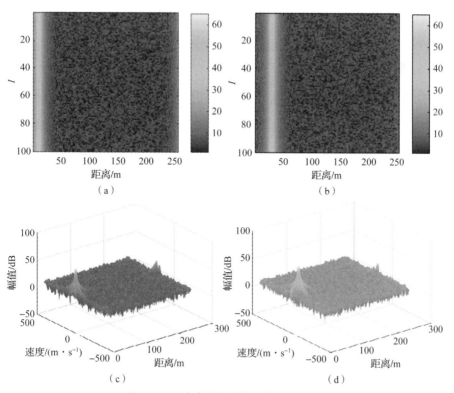

图 5 – 18　本书所提出算法的处理结果

（a）$R = 10$ m 时的距离像；（b）$R = 30$ m 时的距离像；

（c）$R = 10$ m 时的距离 – 速度图；（d）$R = 30$ m 时的距离 – 速度图

为更加直观地描述在含有噪声和地杂波环境下的定距误差大小，表 5-2 给出了不同输入 SNR 下和不同弹目相对运动速度条件下的定距误差。由于仿真中添加的噪声具有一定的随机性，所以为了确保每一对照组中只含有单一变量，在同一 SNR 下对不同的仿真条件添加相同的噪声数据。表中结果显示，在同一窗长条件下，算法的定距误差基本处于同一水平。根据表中数据计算得到，窗长为 512，256 和 128 时的平均定距误差分别为 0.178 5 m，0.492 4 m 和 0.818 9 m。可见，算法中 $h(n)$ 的长度直接影响了最终的测距误差。$h(n)$ 的长度越大，测距精度越高，但并不意味着可以无限选择，在应用中仍然要根据系统的实际要求和硬件的处理水平进行权衡。另外，在理论上，随着 SNR 的提升，定距误差应当逐渐减小，但表中数据并未明显表现出这一特点。这是因为在地杂波和噪声同时存在的环境下，地杂波对定距的影响更加显著，相比于噪声，地杂波成了外部环境中影响定距误差的主导因素。不同探测距离下的误差数据相差不大，说明算法能够保持良好的定距性能。同样地，在仅改变弹目相对运动速度的条件下，定距误差也并没有表现出明显的差异，这说明本书所提出的算法在一定程度上消除了弹目相对运动造成的影响，针对不同弹目相对运动速度表现出了适应性。

表 5-2　不同条件下的定距误差

窗长	R/m	$v = 300$ m/s				$v = 400$ m/s			
		输入 SNR/dB							
		-10	-5	0	5	-10	-5	0	5
512	10	0.190 2	0.180 2	0.220 5	0.102 6	0.190 2	0.191 2	0.186 4	0.188 4
	15	0.185 2	0.170 6	0.170 6	0.171 6	0.186 2	0.205 4	0.180 2	0.180 2
	20	0.180 2	0.175 6	0.177 5	0.160 2	0.181 2	0.180 4	0.176 2	0.175 2
	25	0.175 2	0.175 2	0.160 2	0.170 2	0.176 4	0.175 2	0.170 2	0.166 0
	30	0.230 2	0.180 6	0.180 6	0.180 6	0.175 2	0.170 2	0.176 2	0.170 2

续表

窗长	R/m	$v = 300$ m/s				$v = 400$ m/s			
		输入 SNR/dB							
		-10	-5	0	5	-10	-5	0	5
256	10	0.415 4	0.410 4	0.390 4	0.390 4	0.590 6	0.670 6	0.390 4	0.409 6
	15	0.585 6	0.615 6	0.585 6	0.585 6	0.415 4	0.385 4	0.585 6	0.550 8
	20	0.420 2	0.580 6	0.580 6	0.380 4	0.389 4	0.580 6	0.380 4	0.380 8
	25	0.425 4	0.625 6	0.575 6	0.375 4	0.425 4	0.575 6	0.374 5	0.555 6
	30	0.630 6	0.570 6	0.570 6	0.570 6	0.430 4	0.580 6	0.370 4	0.370 4
128	10	0.590 6	0.790 8	0.790 8	0.596 0	0.951 0	0.991 0	0.991 0	0.991 0
	15	0.785 8	0.986 0	0.785 8	0.580 6	0.785 8	0.986 0	0.986 0	0.786 0
	20	0.780 8	0.780 8	0.586 0	0.580 6	0.780 8	0.750 2	0.981 0	0.780 8
	25	0.775 6	0.765 8	0.765 8	0.762 0	0.770 8	0.976 0	0.775 8	0.976 0
	30	0.971 0	0.971 0	0.770 8	0.770 8	0.798 0	0.770 8	0.971 0	0.770 8

5.6　定距试验

本节进一步对本书所提出的定距算法进行试验验证。试验分别在毫米波波段内的三种近感探测器样机上开展，三种近感探测器样机均采用多参数复合调制信号，除各自工作的中心频率不同外，其他信号参数以及试验条件保持相同，且工作频率大小为样机 1 < 样机 2 < 样机 3。通过实地测试采集不同距离条件下的回波数据并运用本书所提出的定距算法对数据进行处理得到测试的距离值。

5.6.1 静态定距试验

首先在地面上开展近感探测器样机的静态定距试验，参试设备包括近感探测器样机、仿真调试器、电源、角反射器、三脚架和米尺，试验场景如图5-19所示，具体试验步骤如下。

（a） （b）

图5-19 地面静态定距试验场景

（a）侧面图；（b）正面图

步骤1：将调试好的近感探测器样机固定在三脚架上，接通电源，给近感探测器样机上电使其处于正常工作状态。

步骤2：空采接收信号数据，在没有角反射器的条件下采集近感探测器样机的接收信号数据作为空白对照。

步骤3：利用角反射器作为强散射点目标来反射近感探测器样机发射的信号。分别将角反射器固定在距近感探测器样机2 m，3 m，4 m，5 m，6 m和7 m的位置处，并将其最大散射方向对准近感探测器样机的收发天线。

步骤4：记录不同距离条件下近感探测器样机接收到的信号并存储在上位机中，利用本书所提出的定距算法对数据进行处理。

步骤5：为了消除单次测量存在的偶然误差，在每一个距离条件下分别进行 5 次试验，剔除异常值后对剩余结果求均值，得到最终相应距离条件下的实际测量值。

　　按照上述步骤得到不同距离下的回波信号。首先分析不同距离信号特征以及定距算法的表现。以样机 2 为例，分别给出空采状态下和在 2 m，3 m，4 m 距离下的数据及处理结果，如图 5 - 20 ~ 图 5 - 23 所示。各图中的图（a）均为中频信号的时域波形，图（b）均为中频信号直接 FFT 未累加的结果，图（c）均为采用本书所提出的定距算法处理后的结果。可以看出，由于多参数复合调制信号的周期变化，在直接 FFT 后多个周期的频谱曲线并不能完全重合，虽然出现了距离所对应的波峰，但因受到分辨率的影响而很难确定实际的波峰。经过本书所提出的定距算法处理后，基本消除了信号参数变化对频谱的影响，在频域上形成了相对清晰的谱线，且存在唯一的距离波峰。根据图 5 - 21（c）、图 5 - 22（c）和图 5 - 23（c）所示的结果，探测距离与频谱峰值对应频点位置是正相关的，距离越大，差频越大，频谱峰值对应的位置越靠后，这与前面的理论分析也是一致的。

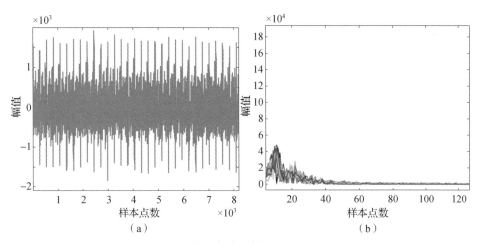

图 5 - 20　空采状态下的数据及处理结果

（a）中频信号时域波形；（b）直接 FFT 的结果

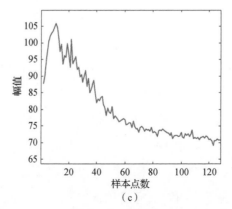

图 5 – 20　空采状态下的数据及处理结果（续）

（c）经本书所提出的算法处理后的结果

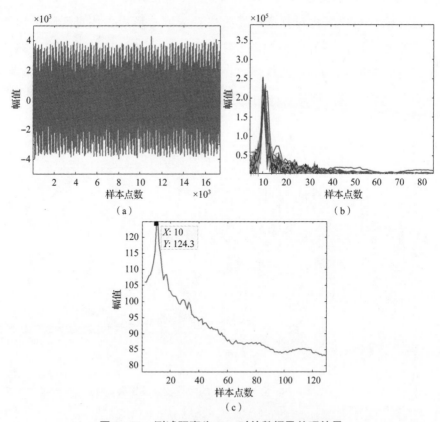

图 5 – 21　测试距离为 2 m 时的数据及处理结果

（a）中频信号时域波形；（b）直接 FFT 的结果；（c）经本书所提出的算法处理后的结果

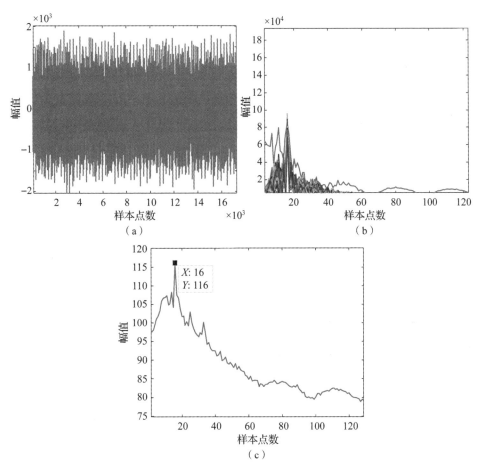

图 5 – 22　测试距离为 3 m 时的数据及处理结果

（a）中频信号时域波形；（b）直接 FFT 的结果；（c）经本书所提出的算法处理后的结果

根据图中峰值位置对应的样本点数，得到相应的差频分别为 127.06 kHz，211.76 kHz 和 282.35 kHz，再根据对应的距离换算公式得到实际测试的距离分别为 1.787 m，2.978 m 和 3.971 m，与理论值均比较接近。类似地，表 5 – 3 进一步给出了三种近感探测器样机在不同探测距离下的实际距离测量值和测量误差。由表中数据可计算出在该试验条件下三种近感探测器样机的定距平均误差分别为 0.134 m，0.103 m 和 0.147 m。可见，不同的工作频率对本书所提出的算法并不会造成实质影响，这说明本书所出的算法能

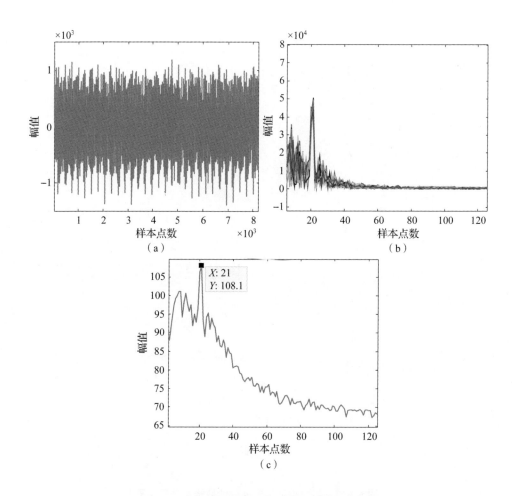

图 5-23　测试距离为 4 m 时的数据及处理结果

（a）中频信号时域波形；（b）直接 FFT 的结果；（c）经本书所提出的算法处理后的结果

够适用于不同工作频率的多参数复合调制体制，且在静态测试条件下的定距误差能够控制在 0.1 m 左右。

表 5-3　不同距离下的静态测试结果

理论测试距离/m	样机 1		样机 2		样机 3	
	实际值/m	误差/m	实际值/m	误差/m	实际值/m	误差/m
2	2.057	0.057	1.787	−0.213	1.985	−0.015

理论测试距离/m	样机 1		样机 2		样机 3	
	实际值/m	误差/m	实际值/m	误差/m	实际值/m	误差/m
3	2.921	− 0.079	2.978	− 0.022	3.176	0.176
4	3.910	− 0.090	3.971	− 0.029	3.970	− 0.030
5	5.231	0.231	5.161	0.161	5.162	0.162
6	6.183	0.183	5.956	− 0.044	6.251	0.251
7	6.835	− 0.165	7.147	0.147	6.750	− 0.250

5.6.2　无人机挂飞试验

为了进一步验证多参数复合调制信号在不同地面环境下的定距效果，利用无人机搭载近感探测器样机进行定距试验。试验的地面环境分别选择草地和沙地两种典型地表。无人机挂飞试验所用的设备如表 5 - 4 所示。两种不同地面环境的试验场景分别如图 5 - 24 和图 5 - 25 所示，无人机挂飞试验的流程示意如图 5 - 26 所示。

表 5 - 4　无人机挂飞试验所用的设备

名称	数量	说明
近感探测器样机	3	发射并接收探测信号
无人机	1	搭载近感探测器样机
无线数传模块	2	回传近感探测器样机的数据至 PC
可编程电源	1	为近感探测器样机提供电源
超声波测距模块	1	标定无人机到地面的距离
测试夹具	2	将近感探测器样机和无线数传模块固定在无人机下端
PC	1	接收回传数据并处理

图 5 – 24　草地无人机挂飞试验场景　　　图 5 – 25　沙地无人机挂飞试验场景

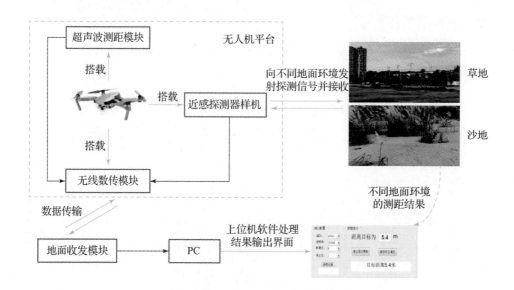

图 5 – 26　无人机挂飞试验的流程示意

在试验过程中将近感探测器样机的天线对准测试地面，将超声波测距模块测得的无人机到地面的距离作为理论值，与近感探测器样机测得的距离值进行对比分析实际的定距误差。具体试验步骤如下。

步骤 1：使用测试夹具将近感探测器样机、超声波测距模块和无线数传模块固定在无人机底部，并对近感探测器样机进行供电，使其处于正常工作状态。

步骤 2：分别在不同地面环境上使用无人机遥控器将无人机悬停在预定高度，记录此时超声波测距模块测得的距离值，在 PC 上存储来自近感探测器样机的回传数据。

步骤 3：在同一高度下进行 5 次测距。对回传数据进行处理并通过上位机中的软件输出近感探测器样机的测距结果，剔除 5 次测距结果中的异常值并对剩余数据求均值，与理论值进行比较分析，计算相应的测距误差。

步骤 4：更换不同的近感探测器样机重复步骤 1 ~ 步骤 3。

对三种不同工作频率的近感探测器样机分别进行无人机挂飞试验并利用本书所提出的定距算法对采集到的数据进行处理，得到在不同高度下的实际测距结果，如表 5 - 5 所示。根据表中数据计算得到，在草地条件下，三种近感探测器样机的定距平均误差分别为 0.252 m，0.409 m 和 0.178 m；在沙地条件下，三种近感探测器样机的定距平均误差分别为 0.433 m，0.407 m 和 0.387 m。对比在地面对准角反射器的定距结果可以发现，在无人机挂飞试验中，无论草地还是沙地，定距结果都会有所恶化。这是因为当近感探测器样机对草地或沙地探测时会接收来自地表的更多地杂波，且不同于角反射器的反射效果，近感探测器样机接收的真实回波的强度可能更低一点，进而对最终的距离值造成了影响。尽管如此，通过表 5 - 5 中的数据可以发现，在不同探测地面下三种近感探测器样机的定距误差依然能保持在 1 m 内，对于目前的无线电近炸引信而言可以满足定距误差的要求，说明此时的定距算法依然是有效的。

表 5 – 5   不同探测地面的无人机挂飞试验结果

探测地面	理论测试距离/m	样机 1		样机 2		样机 3	
		实际值/m	误差/m	实际值/m	误差/m	实际值/m	误差/m
草地	5.1	5.452	0.352	5.659	0.559	5.557	0.457
	5.9	6.332	0.432	6.154	0.254	6.102	0.202
	6.9	7.101	0.201	6.571	− 0.329	6.819	− 0.081
	8.2	8.004	− 0.196	7.941	− 0.259	8.305	0.105
	9.1	9.321	0.221	9.529	0.429	8.999	− 0.101
	10.1	9.989	− 0.111	10.721	0.621	9.978	− 0.122
沙地	5.1	5.628	0.528	5.512	0.412	5.456	0.356
	6.1	6.555	0.455	6.561	0.461	6.578	0.478
	7.2	6.905	− 0.295	7.447	0.247	7.716	0.516
	8.1	8.659	0.559	8.559	0.459	8.613	0.513
	8.9	9.332	0.432	9.376	0.476	9.125	0.225
	10.1	10.431	0.331	10.485	0.385	10.334	0.234

第6章

近程泄露信号自适应消除算法研究

6.1 引　言

引信的起爆控制已经由最初依靠能量实施起爆发展成依赖信息实施起爆，引信通过相应的探测信道从环境中获取能够实施起爆的目标信息，因此，能否有效提取目标信息成为引信发挥毁伤效能的关键。前面章节提到的 DRFM 干扰机的工作方式便是作用于引信探测信道从而影响引信对信息的获取。面对引信小型化的发展趋势，除了干扰机的影响，来自引信自身的干扰也会通过探测信道影响对真实目标信息的获取。这种干扰被称为发射泄露，泄露信号和目标有用信号会在接收通道中同时存在从而对引信的接收机和后期信号处理造成影响。因此，引信泄露信号及相应的抑制技术也成为引信抗干扰理论中不容忽视的问题之一。

引信自身产生信号泄露的因素很多，如器件自身的泄露、天线阻抗的不匹配以及射频前端的环境反射和耦合等[162]。由硬件水平造成的泄露问题可以通过改进制造工艺，提高器件的性能或采用外差式的射频系统并结合一些特殊的结构提高收发天线之间的隔离度来解决。这些措施能够弥补器件自身泄露的不足，但现实中一般没有理想的隔离条件，射频前端的环境反射或耦合在射频前端一般难以消除（通常称为近程泄露信号），这些信号会在信号处理部分的中频域上形成较大的峰值从而对提取真实目标信息造成影响。根据无线电引信信道保护理论中的三个层次，即电磁场信道保护、信号相关处理信道保护和信号识别信道保护，要解决近程泄露信号对引信目标信息获取的影响，同时尽可能不增加硬件设计的复杂性，比较方便的途径是在信号相关处理或信号识别信道保护上实现近程泄露信号的消除。信号相关处理信道保护和信号识别信道保护的核心在信号处理部分，通过相应的信号处理方法提高引信的信道保护能力。为此，为了消除引信在非理想条件下产生的近程泄露信号对目标信息提取的影响，本章重点研究了多参数复合调制体制下近程泄露信号模型并在不改变引信系统架构和电路结构的基础上，提出了一种自适应的近程泄露信号消除算法：利用输入的中频信号在数字域中构造相应的消除信号达到与近程泄露信号对消的目的，从而减少近程泄露信号对引信目标信息提取的影响。

■6.2　近程泄露信号模型

6.2.1　近程泄露信号的数学模型

引信信号收发及近程信号泄露的原理示意如图 6 – 1 所示。近程泄露信号的来源依然取决于引信的发射信号，根据本书的多参数复合调制信号模型，近程泄露信号在中频域对目标信息提取的影响主要反映在信号的线性调制部分。因此，为了便于分析近程泄露信号和后面的消除算法，需要重新考虑第 3 章中的发射信号，这里只考虑线性调制部分，且为了便于后续推导和分析，关注信号的实数部分，则第 i 个周期内引信发射信号的实数表达式为

$$s_{\text{Tx}}(t) = A(t)\cos\left[2\pi f_i t + \pi\mu t^2 + \varphi(t)\right] \tag{6-1}$$

式中，$t \in \left[0, T_{p_i}\right]$；$\varphi(t)$ 是由系统内部电路产生信号时引入的相位噪声

(Phase Noise，$\dot{P}N$），它是与时间相关的非平稳随机信号。这里，暂不考虑噪声的影响，认为接收信号是由目标回波信号和近程泄露信号组成。目标回波信号和近程泄露信号均可以看作发射信号在时间上的延迟（延时）。另外，在第 3 章的目标回波信号模型中用 σ 表示收发天线增益的影响以及路径传播损耗，对于近程泄露信号而言，由于其延时通常比较小，所以路径传播损耗可以忽略，这样接收信号重新写成

$$s_{Rx}(t) = G_T G_R \sigma_0 s_{Tx}(t-\tau_1) + G_T G_R s_{Tx}(t-\tau_2) \tag{6-2}$$

式中，G_T 和 G_R 分别是发射和接收天线的增益；τ_1 和 τ_2 分别是目标回波信号和近程泄露信号的延时，且 τ_1 远大于 τ_2；σ_0 是路径传播损耗。

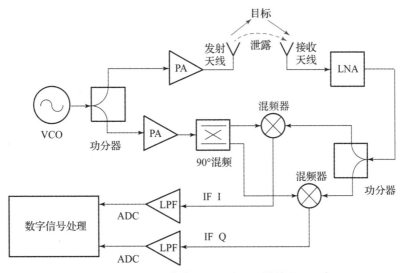

图 6-1 引信信号收发及近程信号泄露的原理示意

为了提高频带的利用率，接收信号与本振信号通常被分成两路，即 I 通道和 Q 通道。两路信号分别作混频运算。I，Q 通道信号的差异只在于相位相差 90°，故在后面的分析中，主要以 I 通道的信号为例，得到的中频信号为

$$\begin{aligned}
s_{IF}(t) &= \left[s_{Tx}(t) \cdot s_{Rx}(t) \right] * h_L(t) = \left[G_T G_R \sigma_0 s_{Tx}(t) s_{Tx}(t-\tau_1) \right. \\
&\left. + G_T G_R s_{Tx}(t) s_{Tx}(t-\tau_2) \right] * h_L(t)
\end{aligned} \tag{6-3}$$

将式（6-1）代入上式，利用积化和差公式，同时取下变频，得到

$$s_{IF}(t) = \left[\frac{1}{2}G_T G_R \sigma_0 A^2(t)\cos(2\pi\mu\tau_1 t + 2\pi f_i\tau_1 - \pi\mu\tau_1^2 + \varphi(t) - \varphi(t-\tau_1)) \right.$$

$$+ \frac{1}{2}G_T G_R A^2(t)\cos(2\pi\mu\tau_2 t + 2\pi f_i\tau_2 - \pi\mu\tau_2^2 + \varphi(t)$$

$$\left. - \varphi(t-\tau_2)) \right] * h_L(t) \qquad (6-4)$$

上式中的第一项即含有目标距离信息的中频信号，而后一部分则是近程泄露信号。用 $s_{TES}(t)$ 表示中频域的目标回波信号，$f_{BTES} = \mu\tau_1$，$\Phi_{TES} = 2\pi f_i\tau_1 - \pi\mu\tau_1^2$，$\Delta\varphi_{TES} = \varphi(t) - \varphi(t-\tau_1)$。根据式（6-4），得到

$$s_{TES}(t) = \frac{1}{2}G_T G_R \sigma_0 A^2(t)\cos(2\pi f_{BTES} t + \Phi_{TES} + \Delta\varphi_{TES}) * h_L(t) \quad (6-5)$$

式中，f_{BTES} 为目标回波差拍频率，Φ_{TES} 为由延时产生的常值相位，$\Delta\varphi_{TES}$ 称为解相关相位噪声（Decorrelated Phase Noise，DPN）。图 6-2 所示为 $\Delta\varphi_{TES}$ 随不同 τ_1 的变化情况，可以看出 DPN 与延时有关。随着延时的增加，相噪 $\varphi(t)$ 与相噪 $\varphi(t-\tau_1)$ 的差异会越来越大。这种现象也称为距离相关效应[163,164]。

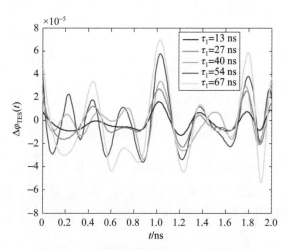

图 6-2   不同延时对应的 DPN（附彩插）

另外，图 6-2 还表明，$\Delta\varphi_{TES}$ 在通常情况下比较小，所以有 $\sin(\Delta\varphi_{TES}) \approx \Delta\varphi_{TES}$ 和 $\cos(\Delta\varphi_{TES}) \approx 1$，这样式（6-5）可以写成

$$s_{\text{TES}}(t) \approx \frac{1}{2} G_{\text{T}} G_{\text{R}} \sigma_0 A^2(t) \left[\cos(2\pi f_{\text{BTES}} t + \Phi_{\text{TES}}) - \sin(2\pi f_{\text{BTES}} t + \Phi_{\text{TES}}) \Delta \varphi_{\text{TES}} \right] * h_{\text{L}}(t)$$

$$= \frac{1}{2} G_{\text{T}} G_{\text{R}} \sigma_0 A^2(t) \cos(2\pi f_{\text{BTES}} t + \Phi_{\text{TES}}) - \frac{1}{2} G_{\text{T}} G_{\text{R}} \sigma_0 A^2(t) \sin(2\pi f_{\text{BTES}} t$$

$$+ \Phi_{\text{TES}}) \Delta \varphi_{\text{TESL}}$$

$$(6-6)$$

式中，$\Delta \varphi_{\text{TESL}}$ 表示低频滤波后的 DPN，$\Delta \varphi_{\text{TESL}} = \Delta \varphi_{\text{TES}} * h_{\text{L}}(t)$。类似地，用 $s_{\text{LS}}(t)$ 表示中频域的近程泄露信号，记 $f_{\text{BLS}} = \mu \tau_2$，$\Phi_{\text{LS}} = 2\pi f_i \tau_2 - \pi \mu \tau_2^2$，$\Delta \varphi_{\text{LS}} = \varphi(t) - \varphi(t - \tau_2)$。根据式（6-4），得到

$$s_{\text{LS}}(t) = \frac{1}{2} G_{\text{T}} G_{\text{R}} A^2(t) \cos(2\pi f_{\text{BLS}} t + \Phi_{\text{LS}} + \Delta \varphi_{\text{LS}}) * h_{\text{L}}(t) \quad (6-7)$$

式中，f_{BLS} 为近程泄露信号的差拍频率，$\Delta \varphi_{\text{LS}}$ 采用相同的近似，得到

$$s_{\text{LS}}(t) \approx \frac{1}{2} G_{\text{T}} G_{\text{R}} A^2(t) \left[\cos(2\pi f_{\text{BLS}} t + \Phi_{\text{LS}}) - \sin(2\pi f_{\text{BLS}} t + \Phi_{\text{LS}}) \Delta \varphi_{\text{LS}} \right] * h_{\text{L}}(t)$$

$$= \frac{1}{2} G_{\text{T}} G_{\text{R}} A^2(t) \cos(2\pi f_{\text{BLS}} t + \Phi_{\text{LS}}) - \frac{1}{2} G_{\text{T}} G_{\text{R}} A^2(t) \sin(2\pi f_{\text{BLS}} t + \Phi_{\text{LS}}) \Delta \varphi_{\text{LSL}}$$

$$(6-8)$$

式中，$\Delta \varphi_{\text{LSL}}(t) = \Delta \varphi_{\text{LS}} * h_{\text{L}}(t)$，表示低频滤波后近程泄露信号中的 DPN。

6.2.2　信号参数对近程泄露信号模型的影响分析

根据近程泄露信号模型可知，近程泄露信号的实质依然是发射信号在时间上的延迟。不同的是，引起近程泄露信号的延时要远远小于目标回波信号的延时。由于本书采用的发射信号是一种多参数复合调制信号，所以有必要分析发射信号参数变化对近程泄露信号模型以及近程泄露信号消除的影响。

由式（6-8）可知，近程泄露信号的特征主要与 f_{BLS}，Φ_{LS} 和 $\Delta \varphi_{\text{LS}}$ 有关。延时的变化会同时改变上述三个参数，这里认为引起近程泄露信号的延时主要与天线前端的结构及环境有关。对于确定的结构，虽然不同的反

射路径会产生不同的延时，但这些延时的差别本身并不太大，故可近似认为是一个定值。f_{BLS} 由发射信号的调频率和延时决定，本书的多参数复合调制信号的调频率设定为定值，因此 f_{BLS} 也不会改变。Φ_{LS} 由载频、调频率和延迟决定。多参数复合调制信号各周期载频是捷变的，因此近程泄露信号的常值相位在不同的周期内会随着载频的变化而变化。$\Delta\varphi_{LS}$ 与相位噪声和延时有关，一般与信号参数没有直接联系，因此本书的多参数复合调制信号对应的近程泄露信号模型只是在各个周期的常值相位发生了改变。

相比发射信号参数对近程泄露信号的影响分析，本书其实更加关注信号参数是否对近程泄露信号的消除造成影响。在数字域中实现近程泄露信号对消是基于频率对准的原理，即产生与近程泄露信号频率一致、幅值相同、相位相反的参考信号（或称为消除信号），这里参考信号的相位实际上包含了近程泄露信号的常值相位和 DPN 两部分，多参数复合调制信号中的参数变化只是对常值相位造成影响，但这种影响其实也比较小。多参数复合调制信号各周期的载频虽然是变化的，但其变化范围也是在确定的频带内。按照第 3 章中设计的 2 GHz 带宽，假设引起近程泄露信号的延迟路径单位量级为几十毫米，根据近程泄露信号常值相位的计算公式，在上述最大变化条件下产生的常值相位变化大约为 0.207 3 rad。由于在构建消除信号时并非能产生与近程泄露信号完全等幅反相的信号，相比于最终误差，这种由常值相位变化引起的消除误差基本可以忽略。因此，本书设计的多参数复合调制信号的信号参数变化对近程泄露信号的消除并不会造成太大影响，影响其消除效果的是消除信号的构建，其中 DPN 又是关键的因素，后面章节会对这一问题进行具体研究。

6.2.3　近程泄露信号消除面临的主要问题

无线电近炸引信系统内部的近程泄露信号，通常称为自混干扰。自混干扰会产生直流补偿，直流补偿问题使接收机达到过饱和从而严重影响集成电路的性能[165]。这一问题可以通过采用外差机制的方法来弥补[166]，也可以将其称为一种被动的近程泄露信号消除方法。该方法的特点在于要合理地设计收发天线的结构从而提高两者的隔离度。其中，最简单的方法是使发射天线尽可能地远离接收天线[167,168]。此外，为了更好地提高隔离度，电磁带隙[169]和缺地陷[170]也是普遍采用的两种结构。不过，被动式结构往往在设计之初便要精确设计并需要不断进行参数优化，而且受制于体积和成本因素，其消除近程泄露信号的能力也有限。因此，在此基础上，出现了一种主动式的近程泄露信号消除方法。主动式方法的核心在于产生一个与近程泄露信号幅值相同、相位相反的参考信号。通过在电路中添加一个辅助支路来产生所需要的参考信号，由发射端产生的近程泄露信号可以在低噪放的输出端或基带移除。通过这种方法可以降低结构设计上的难度，其重点在于对各信号特点的分析。近程泄漏信号对后期信号处理的影响主要表现在相位噪声的引入，由短延时引起的 DPN 会提高识别目标回波信号的难度。主动式方法消除近程泄露信号的效果取决于构建的参考信号与近程泄露信号的相符程度，两者的幅值和相位大小越接近，消除效果越好。人们所熟知的一种方法是将功率放大器的输出信号作为近程泄露信号消除电路的输入信号，近程泄露信号消除电路一般由延时模块和不同的衰减器构成[171-173]。这些技术的难点在于功耗和非线性偏离的优化，特别在发射功率比较高的条件下，非线性偏离的情况更加恶化。文献［174，175］提出了一种添加片上目标辅助支路来构建参考信号的方法。类似添加片上目标的方法，文献［176］也提出了一种增加辅助发射链路同时结合闭环参数估计的方法对近程泄露信号进行自适应消除。两者的关键在于辅助链路中延时线的设计，然而即使在片上添加支路来实现纳秒级的延时，也会显著增加芯片的面积和成本，这显然不适合小型化引信系统的设计。文献［177-180］提出了一种自适应的近程泄露信号消除算法，这些方法是在后期的数字信号处理阶段对近程泄露信号进行处理，从而避免了增加额外硬件的不便，但是它们的应用背景却均限制在输入信号为连续波的情况。此外，还有一些基于滤波器理论的滤波算法，比如最小均方误差算法、基于最小二乘法的递推算法以及卡尔曼滤波算法等[181,182]，这些算法要么是消除效果不尽人意，要么是运算量过于庞大。

在数字信号处理中，欲达到完美的近程泄露信号消除效果，便需要产生一个与近程泄露信号等幅反相的信号。这就意味着信号的构建有两个问题需要解决，一是信号的幅值，二是信号的相位。在数字域中，可以通过峰值搜索找到最大的幅值，这也是近程泄露信号通常对应的幅值，但受采样分辨率的影响，得到的幅值与实际值会有一定的偏差。信号的相位反映在频域上主要是 DPN 的影响，对 DPN 的准确估计则关系到近程泄露信号消除的质量。

6.3　近程泄露信号的 DPN 估计算法

由近程泄露信号的数学模型和前面的分析可知，在非理想隔离条件下，在数字域中产生一个与近程泄露信号等幅反相的信号来消除其对系统的影响能够降低引信硬件设计的成本。而对近程泄露信号中的 DPN 估计则关系到所构建的消除信号的质量。估计精度会影响消除误差，进而决定了近程泄露信号消除的表现。因此，本节首先对近程泄露信号中的 DPN 估计进行研究。

针对上述问题，现有估计方法主要有三种思路。一是将其等效成特定的模型，一般采用的模型有基于滤波的高斯模型[183,184]和复合幂律模型[185]。基于滤波的高斯模型的准确度一般比较低，且整个模型的产生需要大量的时间，时效性不强；复合幂律模型产生的 DPN 基本符合实际测量的结果，但最大的问题是模型构建复杂，效率太低。二是直接通过中频信号的 DPN 估计相位噪声的功率谱密度[186]，这种方法的本质是在时域上得到相位噪声，其采用的转化功率谱的积分计算一般比较复杂。三是在信号混频之前添加一个人工的片上目标，通过其产生额外的参考信号来估计

DPN$^{[187-189]}$，这种方法的效率和精度比较高，然而这种方法一般不能满足实际中小型化的设计要求。此外，后两种方法在估计相位时均认为输入信号的来源是单一的，但在实际的数字信号处理中，是对有限长的输入信号（即中频信号）进行全局采样。因此，收发天线距离较近时，输入信号的来源可能就不是单一的，这就需要考虑近程泄露信号和目标回波信号的关系对 DPN 的影响，而不能单纯采用上述方法对近程泄露信号的 DPN 进行估计。为了克服上述现有方法的一些不足，本书从频域的角度出发，直接对经过模数转换的中频信号在数字信号处理部分提取 DPN。整个算法的核心在于要确定近程泄露信号和目标回波信号 DPN 的相关性，因为在中频信号中是同时包含这两部分信号的，所以由中频信号提取的 DPN 自然也包含两部分，这便需要利用二者的相关性来分离近程泄露信号的 DPN。

6.3.1　近程泄露信号和目标回波信号 DPN 的相关函数

为了确定 DPN 的功率谱密度（Power Spectrum Density，PSD），首先要分析 DPN 的频谱特性。这便需要引入自相关函数和互相关函数来描述 DPN 的相关特性。根据自相关函数的定义，近程泄露信号中 DPN 的自相关函数可以表示为

$$c_{\Delta\varphi_{LS}\Delta\varphi_{LS}}(\widehat{u}) = E\big[\Delta\varphi_{LS}(t)\Delta\varphi_{LS}(t+\widehat{u})\big] \tag{6-9}$$

将 $\Delta\varphi_{LS}$ 代入上式，同时根据 $c_{\varphi\varphi}(\widehat{u}) = E\{\varphi(t)\varphi(t+\widehat{u})\}$，上式可以写成

$$\begin{aligned}
c_{\Delta\varphi_{LS}\Delta\varphi_{LS}}(\widehat{u}) &= E\{[\varphi(t)-\varphi(t-\tau_2)][\varphi(t+\widehat{u})-\varphi(t+\widehat{u}-\tau_2)]\} \\
&= E[\varphi(t)\varphi(t+\widehat{u})] - E[\varphi(t)\varphi(t+\widehat{u}-\tau_2)] - E[\varphi(t-\tau_2) \\
&\quad \cdot \varphi(t+\widehat{u})] + E[\varphi(t-\tau_2)\varphi(t+\widehat{u}-\tau_2)] \\
&= 2c_{\varphi\varphi}(\widehat{u}) - c_{\varphi\varphi}(\widehat{u}-\tau_2) - c_{\varphi\varphi}(\widehat{u}+\tau_2)
\end{aligned}$$

$$\tag{6-10}$$

根据 Wiener – Khintchine 理论，上述 DPN 的 PSD 为

$$S_{\Delta\varphi_{LS}\Delta\varphi_{LS}}(f) = F\{c_{\Delta\varphi_{LS}\Delta\varphi_{LS}}(\hat{u})\}$$

$$= 2S_{\varphi\varphi}(f) - S_{\varphi\varphi}(f)\mathrm{e}^{\mathrm{j}2\pi f\tau_2} - S_{\varphi\varphi}(f)\mathrm{e}^{-\mathrm{j}2\pi f\tau_2} \qquad (6-11)$$

$$= 2S_{\varphi\varphi}(f)(1 - \cos(2\pi f\tau_2))$$

式中，$F\{\cdot\}$ 表示傅里叶变换。类比式（6-9），可以得到目标回波信号和近程泄露信号 DPN 的互相关函数的定义，即

$$c_{\Delta\varphi_{TES}\Delta\varphi_{LS}}(\hat{u}) = E[\Delta\varphi_{TES}(t)\Delta\varphi_{LS}(t+\hat{u})] \qquad (6-12)$$

将 $\Delta\varphi_{TES}$ 和 $\Delta\varphi_{LS}$ 代入上式，得到

$$c_{\Delta\varphi_{TES}\Delta\varphi_{LS}}(\hat{u}) = E\{[\varphi(t) - \varphi(t-\tau_1)][\varphi(t+\hat{u}) - \varphi(t+\hat{u}-\tau_2)]\}$$

$$= c_{\varphi\varphi}(\hat{u}) - c_{\varphi\varphi}(\hat{u}-\tau_2) - c_{\varphi\varphi}(\hat{u}+\tau_1) + c_{\varphi\varphi}(\hat{u}-\tau_2+\tau_1)$$

$$(6-13)$$

同理，根据 Wiener–Khintchine 理论，上述 DPN 的 PSD 为

$$S_{\Delta\varphi_{TES}\Delta\varphi_{LS}}(f) = F\{c_{\Delta\varphi_{TES}\Delta\varphi_{LS}}(\hat{u})\}$$

$$= S_{\varphi\varphi}(f) - S_{\varphi\varphi}(f)\mathrm{e}^{\mathrm{j}2\pi f\tau_2} - S_{\varphi\varphi}(f)\mathrm{e}^{-\mathrm{j}2\pi f\tau_1} + S_{\varphi\varphi}(f)\mathrm{e}^{-\mathrm{j}2\pi f(\tau_1-\tau_2)}$$

$$= S_{\varphi\varphi}(f)(1 - \mathrm{e}^{\mathrm{j}2\pi f\tau_2} - \mathrm{e}^{-\mathrm{j}2\pi f\tau_1} + \mathrm{e}^{-\mathrm{j}2\pi f(\tau_1-\tau_2)})$$

$$(6-14)$$

6.3.2　基于信息几何理论的 DPN 估计

文献［163］给出了通过 $\Delta\varphi_{TES}$ 预测 $\Delta\varphi_{LS}$ 的关系，即

$$\Delta\varphi_{LS}(t) = \frac{c_{\Delta\varphi_{TES}\Delta\varphi_{LS}}(\hat{u})}{c_{\Delta\varphi_{TES}\Delta\varphi_{TES}}(\hat{u})\big|_{\hat{u}=0}}\Delta\varphi_{TES}(t) \qquad (6-15)$$

在运用上式时，首先要确定最优间隔 $\hat{u}$ 以便补偿两个信号由延时不同引入的误差，从而实现较为精确的估计。但这里有一个矛盾要注意，由式（6-9）和式（6-12）可知，互相关函数和自相关函数的计算需要预先知道 $\Delta\varphi_{TES}$ 和 $\Delta\varphi_{LS}$，但如果 $\Delta\varphi_{TES}$ 和 $\Delta\varphi_{LS}$ 本身已知，就不需要利用式（6-15）进行估计。此外，在实际的采样中，如果要得到 $\Delta\varphi_{TES}$ 和 $\Delta\varphi_{LS}$，就需要先将输入的中频信号根据信号特征进行分解，然后分别采样，这无疑增

加了信号处理的复杂性。因此，为了得到式（6-15）中的关系，受信息几何理论的启发，本书采用一种近似的方法来估计互相关函数和自相关函数。

根据信息几何的思想，统计量的期望可以由势函数的微分确定[190]，即

$$E[x(t)] \stackrel{\Delta}{=} \partial_i \vartheta(\boldsymbol{\theta}) \tag{6-16}$$

式中，$\vartheta(\boldsymbol{\theta})$ 称为分布的势函数，其满足概率归一化条件，$\boldsymbol{\theta}$ 是一个 n 维向量，用于将概率分布函数参数化。$\partial_i = \partial/\partial\theta_i$，表示对向量 $\boldsymbol{\theta}$ 中的某一个元素求偏导数。通过式（6-16），实际上就可以将 DPN 的谱特性用统计特征进行量化和表示。假设变量 $x(t)$ 的概率密度函数为 $p(x|\boldsymbol{\theta})$，则

$$\vartheta(\boldsymbol{\theta}) = \log\int_X p(x|\boldsymbol{\theta})\,\mathrm{d}x \tag{6-17}$$

根据文献［183］中对 DPN 的特征分析，$\Delta\varphi_{\mathrm{TES}}(t)\Delta\varphi_{\mathrm{LS}}(t+\hat{u})$ 的概率密度函数（Probability Density Function，PDF）可以近似认为是含有 t 和 τ 的多变量高斯分布，即

$$\Delta\boldsymbol{\varphi}(t,\tau) \sim N(\boldsymbol{\mu}(\boldsymbol{v}),\boldsymbol{\sigma}(\boldsymbol{v})) \tag{6-18}$$

式中，$\Delta\boldsymbol{\varphi} = [\Delta\varphi_{\mathrm{TES}},\Delta\varphi_{\mathrm{LS}}]^{\mathrm{T}}$，$\boldsymbol{\mu}(\boldsymbol{v}) = [\mu_1(t,\tau_1),\mu_2(t,\tau_2)]^{\mathrm{T}}$，$\boldsymbol{\sigma}(\boldsymbol{v}) = \mathrm{diag}(\sigma_1^2(t,\tau_1),\sigma_2^2(t,\tau_2))$，$\boldsymbol{v} = [t,\tau]^{\mathrm{T}}$ 表示本地坐标系，则 $\Delta\varphi_{\mathrm{TES}}(t)\Delta\varphi_{\mathrm{LS}}(t+\hat{u})$ 分布的 PDF 表示为

$$p(\Delta\boldsymbol{\varphi};\boldsymbol{v}) = |2\pi\boldsymbol{\sigma}(\boldsymbol{v})|^{-\frac{1}{2}}\exp\left\{-\frac{1}{2}(\Delta\boldsymbol{\varphi}-\boldsymbol{\mu}(\boldsymbol{v}))^{\mathrm{T}}\boldsymbol{\sigma}^{-1}(\boldsymbol{v})(\Delta\boldsymbol{\varphi}-\boldsymbol{\mu}(\boldsymbol{v}))\right\} \tag{6-19}$$

式中，$\boldsymbol{\sigma}^{-1}$ 表示逆矩阵。令 m 维向量 $\boldsymbol{\theta}$ 为 $\Delta\boldsymbol{\varphi}$ 的自然参数，对称矩阵 $\boldsymbol{\Xi}_{m\times m}$ 为关于 $\Delta\boldsymbol{\varphi}\Delta\boldsymbol{\varphi}^{\mathrm{T}}$ 的自然参数，则上式参数化后可以表示为标准的指数族分布：

$$p(\Delta\boldsymbol{\varphi};\boldsymbol{\theta}) = \exp\left\{-\frac{1}{2}\left[\frac{(\Delta\varphi_{\mathrm{TES}}-\mu_1)^2}{\sigma_1^2}+\frac{(\Delta\varphi_{\mathrm{LS}}-\mu_2)^2}{\sigma_2^2}\right]-\frac{1}{2}\ln|2\pi\sigma|\right\}$$

$$= \exp\left\{\frac{\mu_1}{\sigma_1^2}\Delta\varphi_{\mathrm{TES}}+\frac{\mu_2}{\sigma_2^2}\Delta\varphi_{\mathrm{LS}}-\frac{1}{2}\left(\frac{\Delta\varphi_{\mathrm{TES}}^2}{\sigma_1^2}+\frac{\Delta\varphi_{\mathrm{LS}}^2}{\sigma_2^2}\right)-\frac{1}{2}\left(\frac{\mu_1^2}{\sigma_1^2}+\frac{\mu_2^2}{\sigma_2^2}\right)-\frac{1}{2}\ln|2\pi\sigma|\right\}$$

$$= \exp\left\{\theta_1\Delta\varphi_{\mathrm{TES}}+\theta_2\Delta\varphi_{\mathrm{LS}}-tr(\boldsymbol{\Xi}\Delta\boldsymbol{\varphi}\Delta\boldsymbol{\varphi}^{\mathrm{T}})-\left[\frac{1}{2}\left(\frac{\mu_1^2}{\sigma_1^2}+\frac{\mu_2^2}{\sigma_2^2}\right)+\frac{1}{2}\ln|2\pi\sigma|\right]\right\} \tag{6-20}$$

式中，$\theta_i = \dfrac{\mu_i}{\sigma_i^2}$（$i = 1,\ 2$），$\boldsymbol{\Xi} = \dfrac{1}{2}\operatorname{diag}\left(\dfrac{1}{\sigma_1^2},\ \dfrac{1}{\sigma_2^2}\right)$。根据式（6-20）和式（6-17），得到 $\Delta\varphi_{\mathrm{TES}}(t)\Delta\varphi_{\mathrm{LS}}(t+\widehat{u})$ 的势函数为

$$\vartheta_{12}(\mu,\sigma) = \frac{1}{2}\left(\frac{\mu_1^2}{\sigma_1^2} + \frac{\mu_2^2}{\sigma_2^2}\right) + \frac{1}{2}\ln|2\pi\sigma| = \frac{1}{2}\left(\frac{\mu_1^2}{\sigma_1^2} + \frac{\mu_2^2}{\sigma_2^2} + 2\ln(\sigma_1\sigma_2) + \ln 2\pi\right)$$

$$(6-21)$$

由于 μ_i 和 σ_i 都是 t 和 τ 的函数，τ_1 与弹目距离有关，τ_2 由引信系统内部决定，所以，τ_1 通常为变量，τ_2 一般为定值，μ_1 和 σ_1 则会随着 τ_1 变化。图 6-3 所示为其势函数随 μ_1 和 σ_1 的变化情况。从图中可以看出在确定的区间范围内，$\vartheta_{12}(\mu,\sigma)$ 表示的势函数可微。因此，对式（6-21）中的 θ_1 求偏微分并用坐标 $(t,\ \tau)$ 表示，得到

$$\frac{\partial\vartheta_{12}}{\partial\theta_1} = \frac{\partial\vartheta_{12}(t,\tau)}{\partial\tau}\cdot\frac{\partial\tau}{\partial\theta_1}$$

$$= \left\{\frac{1}{2}\left[\frac{\partial}{\partial\tau}\cdot\frac{\mu_1^2(t,\tau_1)}{\sigma_1^2(t,\tau_1)} + \frac{\partial}{\partial\tau}\cdot\frac{\mu_2^2(t,\tau_2)}{\sigma_2^2(t,\tau_2)} + 2\frac{\partial}{\partial\tau}\ln(\sigma_1(t,\tau_1)\sigma_2(t,\tau_2))\right.\right.$$

$$\left.\left. + \frac{\partial}{\partial\tau}\ln 2\pi\right]\right\}\cdot\frac{1}{\partial\theta_1/\partial\tau}$$

$$= \frac{1}{2}\left(\frac{2\mu_1}{\sigma_1^2}\partial\mu_1 - \frac{2\mu_1^2}{\sigma_1^3}\partial\sigma_1 + \frac{2\mu_2}{\sigma_2^2}\partial\mu_2 - \frac{2\mu_2^2}{\sigma_2^3}\partial\sigma_2 + \frac{2}{\sigma_1}\partial\sigma_1 + \frac{2}{\sigma_2}\partial\sigma_2\right)\frac{1}{\partial\theta_1/\partial\tau}$$

$$= \left[\sum_{i=1}^{2}\left(\theta_i\partial\mu_i - \theta_i^2\sigma_i\partial\sigma_i + \frac{1}{\sigma_i}\partial\sigma_i\right)\right]\frac{1}{\partial\theta_1/\partial\tau}$$

$$= \left(\sum_{i=1}^{2}Z_i\right)\frac{1}{\partial\theta_1/\partial\tau}$$

$$(6-22)$$

式中，$\partial\mu_i = \partial\mu_i/\partial\tau$，$\partial\sigma_i = \partial\sigma_i/\partial\tau$，$Z_i = \theta_i\partial\mu_i - \theta_i^2\sigma_i\partial\sigma_i + \dfrac{1}{\sigma_i}\partial\sigma_i$，$i = 1,\ 2$。

根据式（6-16），$\Delta\varphi_{\mathrm{TES}}(t)\Delta\varphi_{\mathrm{LS}}(t+\widehat{u})$ 的期望可以由式（6-22）代替，即 $E[\Delta\varphi_{\mathrm{TES}}(t)\Delta\varphi_{\mathrm{LS}}(t+\widehat{u})] = \partial\vartheta_{12}/\partial\theta_1$。类比式（6-19）和式（6-

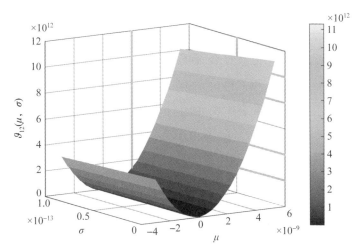

图 6 - 3　势函数随 μ_1 和 σ_1 的变化

20)，很自然能够得到 $\Delta\varphi_{\text{TES}}(t)\Delta\varphi_{\text{TES}}(t+\hat{u})$ 的 PDF 所对应的势函数，即

$$\vartheta_{11}(\mu,\sigma) = \frac{\mu_1^2}{\sigma_1^2} + 2\ln\sigma_1 + \ln 2\pi \qquad (6-23)$$

同样地，对上式中的 θ_1 求偏微分并用坐标 (t,τ) 表示，得到

$$\frac{\partial\vartheta_{11}}{\partial\theta_1} = \frac{\partial\vartheta_{11}(t,\tau)}{\partial\tau}\cdot\frac{\partial\tau}{\partial\theta_1} = 2\left(\frac{\mu_1}{\sigma_1^2}\partial\mu_1 - \frac{\mu_1^2}{\sigma_1^3}\partial\sigma_1 + \frac{1}{\sigma_1}\partial\sigma_1\right)\frac{1}{\partial\theta_1/\partial\tau} = 2\boldsymbol{Z}_1\frac{1}{\partial\theta_1/\partial\tau}$$

$$(6-24)$$

上式即可用于表示 $\Delta\varphi_{\text{TES}}(t)\Delta\varphi_{\text{TES}}(t+\hat{u})$ 的期望。假设式 (6-15) 中的系数用 β 表示，根据式 (6-10)、式 (6-13) 和式 (6-15)，将式 (6-22) 和式 (6-24) 代入式 (6-15)，可以得到

$$\beta = \frac{c_{\Delta\varphi_{\text{TES}}\Delta\varphi_{\text{LS}}}(\hat{u})}{c_{\Delta\varphi_{\text{TES}}\Delta\varphi_{\text{TES}}}(\hat{u})\mid_{\hat{u}=0}} = \frac{\left(\sum\limits_{i=1}^{2}\boldsymbol{Z}_i\right)\dfrac{\partial\tau}{\partial\theta_1}}{2\boldsymbol{Z}_1\dfrac{\partial\tau}{\partial\theta_1}} = \frac{\sum\limits_{i=1}^{2}\boldsymbol{Z}_i}{2\boldsymbol{Z}_1} \qquad (6-25)$$

通过上式发现，估计系数 β 最终转换成了与 μ_i 和 σ_i 有关的量，而 μ_i、σ_i 与 τ_1 和 τ_2 有关，因此最终的 β 与延时 τ_1 和 τ_2 有关，而与 $\hat{u}$ 无关。这样的好处是在估计相位关系时，只要延时 τ_1 和 τ_2 确定，估计系数 β 就能确定，避免了求解最优间隔 $\hat{u}$ 的步骤。显然，相比最优间隔的求解，τ_1 和

τ_2 均可以更加方便地获得。为了描述 β 的特征，图 6 – 4 给出了 β 随 τ_1 的变化曲线。从图中可以看出，当 τ_1 较小时，β 较大，随着 τ_1 的增大，β 值越来越小。这可以从 β 本身所表征的特性解释。由式（6 – 15）可知，β 实际上反映了 DPN 之间相关性的关系，β 越接近 1，说明近程泄露信号与目标回波信号的 DPN 越相关。τ_1 越小，越接近内部延迟，两者的 DPN 就越相关，β 值就越接近 1。而随着 τ_1 的增大，两者的差异越来越大，β 自然会减小。

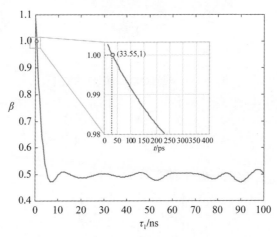

图 6 – 4　β 随 τ_1 的变化曲线（100 ns 内）

在分析了 $\Delta\varphi_{\mathrm{LS}}$ 和 $\Delta\varphi_{\mathrm{TES}}$ 的相关性及其关系之后，可以进一步对中频域中近程泄露信号的 DPN 进行估计。将式（6 – 4）整理成下面的形式：

$$s_{\mathrm{IF}}(t) = \underbrace{\frac{1}{2}G_{\mathrm{T}}G_{\mathrm{R}}\sigma_0 A^2(t)\cos(2\pi f_{\mathrm{BTES}}t + \varPhi_{\mathrm{TES}})}_{s_1(t)} - \underbrace{\frac{1}{2}G_{\mathrm{T}}G_{\mathrm{R}}\sigma_0 A^2(t)\sin(2\pi f_{\mathrm{BTES}}t + \varPhi_{\mathrm{TES}})}_{s_2(t)}\Delta\varphi_{\mathrm{TESL}}$$

$$+ \underbrace{\frac{1}{2}G_{\mathrm{T}}G_{\mathrm{R}}A^2(t)\cos(2\pi f_{\mathrm{BLS}}t + \varPhi_{\mathrm{LS}})}_{s_3(t)} - \underbrace{\frac{1}{2}G_{\mathrm{T}}G_{\mathrm{R}}A^2(t)\sin(2\pi f_{\mathrm{BLS}}t + \varPhi_{\mathrm{LS}})}_{s_4(t)}\Delta\varphi_{\mathrm{LSL}}$$

$$= s_1(t) - s_2(t)\Delta\varphi_{\mathrm{TESL}} + s_3(t) - s_4(t)\Delta\varphi_{\mathrm{LSL}}$$

$$(6 – 26)$$

由式（6 – 15）和式（6 – 25）可知：

$$\Delta\varphi_{\text{LSL}}(t) = \Delta\varphi_{\text{LS}}(t) * h_{\text{L}}(t) = \beta\Delta\varphi_{\text{TES}}(t) * h_{\text{L}}(t) = \beta\Delta\varphi_{\text{TESL}}(t)$$

$$(6-27)$$

将上式代入式（6-26），便可以得到提取的 DPN，即 $\Delta\varphi_{\text{LSL}}$：

$$\Delta\varphi_{\text{LSL}} = \frac{s_1(t) + s_3(t) - s_{\text{IF}}(t)}{\dfrac{1}{\beta}s_2(t) + s_4(t)} \qquad (6-28)$$

上式中，$s_1(t)$，$s_2(t)$，$s_3(t)$ 和 $s_4(t)$ 中包含的参数均由系统预先设定，即它们都是确定的量。$s_{\text{IF}}(t)$ 则是在离散的时间域内通过采样电路对输入的中频信号进行采样得到。根据 Wiener-Lee 关系和式（6-11），可进一步得到 $\Delta\varphi_{\text{LSL}}$ 的 PSD 为

$$S_{\Delta\varphi_{\text{LSL}}\Delta\varphi_{\text{LSL}}}(f) = S_{\Delta\varphi_{\text{LS}}\Delta\varphi_{\text{LS}}}(f)\,|H_{\text{L}}(f)|^2 = 2S_{\varphi\varphi}(f)\,|H_{\text{L}}(f)|^2(1 - \cos(2\pi f_{\text{BLS}}\tau_2))$$

$$(6-29)$$

式中，$|H_{\text{L}}(f)|$ 是低通滤波器的幅频响应。至此，近程泄露信号中 $\Delta\varphi_{\text{LSL}}$ 的估计流程可以表示为图 6-5。首先根据系统参数和信号的统计特征计算系数 β，确定 $\Delta\varphi_{\text{LS}}$ 和 $\Delta\varphi_{\text{TES}}$ 的关系，然后通过采样的输入中频信号，利用式（6-28）得到滤波之后近程泄露信号的 DPN（$\Delta\varphi_{\text{LSL}}$），继而通过 $\Delta\varphi_{\text{LSL}}$ 的样本点以及 PSD 的计算方法得到 $S_{\Delta\varphi_{\text{LSL}}\Delta\varphi_{\text{LSL}}}(f)$。

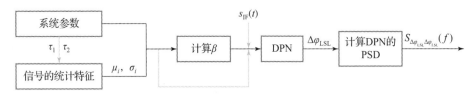

图 6-5　近程泄露信号 DPN 的估计流程

6.3.3　仿真验证及分析

为了说明本书所提出的 DPN 估计方法的有效性，本小节首先利用仿真手段进行验证。主要通过观察提取的 DPN 在时频域中的变化以及相应的复杂度分析来说明本书所提出方法的优越性。

6.3.3.1　近程泄露信号中的 DPN 分析

在前面的叙述中提到，现在普遍认为幂律模型是比较符合实际的 DPN 模型，因此在下面的估计准确度的比较分析中，以幂律模型产生的 DPN 为标准。同时，利用片上目标估计（On – Chip Target Estimation，OCTE）的方法也作为比较对象。幂律模型的产生主要以高斯噪声为基底，分别产生不同的噪声像而后叠加。设定引信的探测距离为 10 m，故得到相应的回波延时 $\tau_1 = 67$ ns。假设引信收发天线间距为 10 mm，则认为由发射信号泄露到接收通道中的延时近似为 $\tau_2 = 33$ ps。为了便于计算，发射信号的幅值设为 1，$G_T = G_R = 10$ dB，$\sigma_0 = 1$ dB，其他信号参数与前文相同。根据仿真信号在 MATLAB 中计算得到的统计量的值以及上述参数可以得到系数 $\beta \approx 0.51$。提取的近程泄露信号所对应的 DPN 在时域内的波形如图 6 – 6 所示。为了清晰地表述时域内的波形，图中的信号长度只取 20 ns。观察图 6 – 6 可知，用本书所提出的方法估计的 $\Delta\varphi_{LS}$ 的波形变化与标准的 $\Delta\varphi_{LS}$ 波形吻合度更高。由于微分近似的影响，它与标准的 $\Delta\varphi_{LS}$ 波形变化之间产生了部分误差。而用 OCTE 方法的波形的幅值比标准 $\Delta\varphi_{LS}$ 和用本书所提出方法估计的波形的幅值均有所减小，这是由于最优间隔的确定会使估计过程中产生误差积累，从而增大了与标准 $\Delta\varphi_{LS}$ 之间的误差。

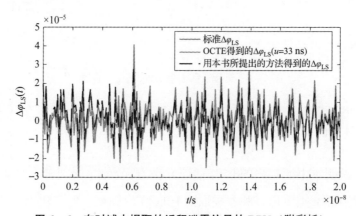

图 6 – 6　在时域中提取的近程泄露信号的 DPN（附彩插）

为了进一步分析，分别计算各自的 PSD。在 PSD 计算过程中，采用 Welch 方法，其所得结果与所选择的窗函数有关。由于汉明（Hamming）窗的主瓣更窄，所得到的滤波特性更好，所以每一个信号部分均采用汉明（Hamming）窗处理，最终得到的结果如图 6 - 7 所示。为了便于比较，对各自的频率进行归一化处理。

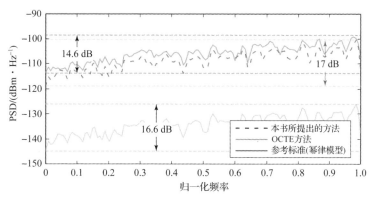

图 6 - 7　提取的近程泄露信号 DPN 的 PSD（附彩插）

结果表明，用本书所提出的方法得到的 $\Delta\varphi_{LS}$ 的 PSD 与标准的 $\Delta\varphi_{LS}$ 更为接近，而用 OCTE 方法得到的 $\Delta\varphi_{LS}$ 的 PSD 明显偏低。这是因为，在采用 OCTE 方法相当于构造了一个等效的理想信号，这个信号的线性度要比实际中因器件非线性产生的 PDN 的线性度要高，所以与实际中的 $\Delta\varphi_{LS}$ 有所差别，导致其 PDN 的 PSD 相对低一些。此外，这里有一点要说明，上述分析中并没有考虑系统通道噪声的影响。实际上，系统内部器件的非线性产生的噪声对系统的 PDN 也是有一定影响的。系统通道噪声一般难以消除，但是它的影响一般也是固定的。根据文献［191］的结论，对一个确定的系统而言，系统通道噪声在整个频偏范围内是一个定值，且其 PSD 一般低于接收信号的 PSD，对近程泄露信号与目标回波信号之间的相关性不会造成实质的影响。因此，这里暂且不考虑系统通道噪声。

6.3.3.2　估计方法的复杂度分析

为了说明本书所提出的估计方法在运算效率方面的优势，在此比较本书方法和 OCTE 方法的计算复杂度，整个分析基于最基本的运算。两种方法的计算复杂度主要体现在参数的计算和 DPN 的提取。对于功率谱的计算和 DPN 到 PN 的转化实际上耗费了同等的计算量。因此，在讨论运算复杂度时，主要关注参数的计算和 DPN 的提取，即式（6 – 25）和式（6 – 28）。对于硬件的运算，用加法（Addition，ADD）、乘法（Multiplication，MUL）和除法（Division，DIV）来表示。在一般情况下，除法往往花费更长的时间。为了简化分析，假设每一种运算具有相同的浮点运算，在一个计算周期内，运算点数与采样点数有关，而采样点数随采样频率 f_s 变化。由于在比较不同方法时，信号的周期应该保持在相同的范围内，所以这里在描述复杂度时，统一用 T 代替 T_{ri} 表示信号周期，则两种方法的计算复杂度比较如表 6 – 1 所示。

表 6 – 1   计算复杂度比较

项目	本书所提出的方法	OCTE 方法
β 的计算	$2(6\text{MUL} + 2\text{DIV} + 2\text{ADD} + 2IT f_s)$	$2(nT f_s \cdot \text{MUL} + (IT f_s - 1) \cdot \text{ADD} + 1\text{DIV})$
DPN 的提取	$IT f_s (3\text{ADD} + 2\text{DIV})$	$IT f_s (1\text{ADD} + 2\text{MUL} + 1\text{DIV})$

为了直观地表述运算复杂度，分别赋予不同运算不同的权重，仿真各自的计算量。仿真周期设为 1 ms，采样频率从 30 MHz 到 50 MHz 变化，得到的计算量比较如图 6 – 8 所示。图中结果表明，本书所提出的方法的计算量明显小于 OCTE 方法，这说明本书所提出的方法在估计时的效率更高，同时，表 6 – 1 所示的 OCTE 计算量中并没有包含最优时间间隔的计算，也就是说，如果再加上最优时间间隔的计算，OCTE 方法的运算将会更加复杂。另外，在同一台计算机（2.1 GHz CPU，8GB RAM）下的 MATLAB 2015a 软件中对两种方法分别进行仿真，得到整个方法的运行时间如表 6 – 2 所示。可以看出，随着采样频率的提高，两种估计方法的运行时间都会延长，这是因为采样频率的提高导致同一个周期内采样点个数增加，所以计算量自然会增大。相比之下，本书所提出的估计方法所需的

运行时间更短一些，通过表中数据计算，在相同条件下，本书所提出的估计方法的平均运算时间缩短了 58.6% 。事实上，采样频率不仅会影响方法的运行效率，还会对估计效果造成影响。在前面的叙述中提到汉明窗由于主瓣较窄可以作为合适的窗函数。但是，任何一种窗函数其实都会对频域内的残余低频频谱造成一定的离散。因此，为了减小窗函数的影响，绝对时间内的窗长就需要增加，这样一来，便需要大量的 FFT 运算从而造成大量的复杂运算。这时，可以通过降低采样频率来弥补。但是，降低采样频率也必须符合系统最低分辨率的要求，因此，在实际的应用中，要根据系统要求综合考虑以保证能够达到较好的估计效果。

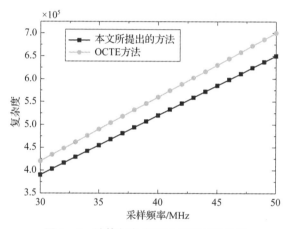

图 6 - 8　计算复杂度随采样频率的变化

表 6 - 2　仿真时间比较

采样频率/MHz	本书所提出的方法/ms	OCTE 方法/ms
30	3. 168	7. 360
35	3. 189	7. 424
40	3. 285	7. 748
45	3. 306	8. 289
50	3. 883	10. 078

■ 6.4 近程泄露信号自适应消除算法

在 6.2 节中提到，要消除非理想隔离条件下引信接收通道中的近程泄露信号，可以在中频域构建一个与近程泄露信号等幅反相的消除信号。但由于近程泄露信号受到发射信号及传输路径的影响，中频域中的近程泄露信号并不是固定的，所以要求系统能够根据近程泄露信号自适应地产生消除信号从而达到比较理想的消除效果。在本节，考虑在不增加任何辅助支路的前提下，对在数字域中自适应构建消除信号进行研究。本书所提出的近程泄露信号自适应消除算法可以以任一初始相位作为输入参数，而后根据输入信号和校正公式对初始参数进行校正从而产生消除信号。

6.4.1　自适应消除信号的构建

根据式（6-7）所示的近程泄露信号的表达式可知，近程泄露信号的中心频率 f_{BLS} 与延时 τ_2 有关，由于 τ_2 一般小于 τ_1，近程泄露信号的中心频率也小于目标回波信号的中心频率。经过低频滤波器后，$h_L(t)$ 的作用结果会反映在信号的幅值和相位上，因此，式（6-7）可进一步简化成

$$s_{LS}(t) = |L|\cos(2\pi f_{BLS}t + \delta(t)) \tag{6-30}$$

式中，$|L|$ 表示中频域中近程泄露信号的幅值；$\delta(t)$ 表示其相位变化，其与常值相位 Φ_{LS} 和 DPN$\Delta\varphi_{LS}$ 有关，显然，$\Delta\varphi_{LS}$ 的变化决定了 $\delta(t)$ 的变化。为了方便后续说明近程泄露信号消除的原理以及进行相应的分析，下面用极坐标对信号进行表示。假设对于任意的近程泄露信号 s_L，构建的消除信号用 $\hat{s}_L$ 表示，则抵消之后的信号称为残余误差信号，用 $\hat{R}$ 表示，即 $\hat{R} = s_L + \hat{s}_L$。理想的消除信号如图 6-9（a）所示，它与近程泄露信号等幅反相，但在实际情况下，很难构建出理想的消除信号，继而便会产生残余误差信号。

因此，本书所提出的近程泄露信号自适应消除算法的目的就在于使 $|\hat{\boldsymbol{R}}|$ 尽可能达到最小值。根据图 6 - 9（a）和余弦定理，$|\hat{\boldsymbol{R}}|$ 可由下式计算：

$$
\begin{aligned}
|\hat{\boldsymbol{R}}| &= \sqrt{|\boldsymbol{s}_{\mathrm{L}}|^2 + |\hat{\boldsymbol{s}}_{\mathrm{L}}|^2 - 2|\boldsymbol{s}_{\mathrm{L}}||\hat{\boldsymbol{s}}_{\mathrm{L}}|\cos(\pi - (\delta - \delta_0))} \\
&= \sqrt{|\boldsymbol{s}_{\mathrm{L}}|^2 + |\hat{\boldsymbol{s}}_{\mathrm{L}}|^2 + 2|\boldsymbol{s}_{\mathrm{L}}||\hat{\boldsymbol{s}}_{\mathrm{L}}|\cos(\delta - \delta_0)}
\end{aligned} \tag{6-31}
$$

式中，δ_0 和 δ 分别表示近程泄露信号和消除信号的相位。显然，当 $|\boldsymbol{s}_{\mathrm{L}}| = |\hat{\boldsymbol{s}}_{\mathrm{L}}|$ 且 $\delta - \delta_0 = \pi$ 时，残余误差信号达到最小。因此，残余误差信号取决于两个因素，一个是信号幅值大小，另一个是相位的估计。这里的相位估计主要反映在 DPN 的估计，在 6.3 节中对 DPN 的估计方法已经做了详细介绍，为此，下面重点对消除信号幅值的自适应构建进行说明。

首先，产生一个最小的消除信号 $\hat{\boldsymbol{s}}_{\mathrm{L}_1}$。如图 6 - 9（b）所示，$\hat{\boldsymbol{s}}_{\mathrm{L}_1}$ 的相位 δ_1 可以设置成任意的。同时，要保证信号幅值 $|\hat{\boldsymbol{s}}_{\mathrm{L}_1}|$ 尽可能地接近零但不等于零。此时的 $\hat{\boldsymbol{s}}_{\mathrm{L}_1}$ 被认为是初始消除信号，得到的残余误差信号为

$$
\hat{\boldsymbol{R}}_1 = \boldsymbol{s}_{\mathrm{L}} + \hat{\boldsymbol{s}}_{\mathrm{L}_1} \approx \boldsymbol{s}_{\mathrm{L}} \tag{6-32}
$$

然后，给定一个新的消除信号 $\hat{\boldsymbol{s}}_{\mathrm{L}_2}$。$\hat{\boldsymbol{s}}_{\mathrm{L}_2}$ 与初始消除信号的相位保持一致且幅值等于初始消除信号得到的残余误差信号的幅值，即 $\delta_2 = \delta_1$，$|\hat{\boldsymbol{s}}_{\mathrm{L}_2}| = |\hat{\boldsymbol{R}}_1|$，如图 6 - 9（c）所示。根据式（6 - 32），有 $|\hat{\boldsymbol{s}}_{\mathrm{L}_2}| = |\boldsymbol{s}_{\mathrm{L}}|$。因此，得到新的残余误差信号为：

$$
|\hat{\boldsymbol{R}}_2| = |\boldsymbol{s}_{\mathrm{L}}|\sqrt{2[1 + \cos(\delta_2 - \delta_0)]} = |\boldsymbol{s}_{\mathrm{L}}|\sqrt{2[1 + \cos(\delta_1 - \delta_0)]} \tag{6-33}
$$

其次，构建一个 $\hat{\boldsymbol{s}}_{\mathrm{L}_2}$ 的补充消除信号 $\hat{\boldsymbol{s}}_{\mathrm{L}_3}$。构建 $\hat{\boldsymbol{s}}_{\mathrm{L}_3}$ 的目的是对前面输入的任意 δ_1 进行校正。如图 6 - 9（d）所示，令补充消除信号的幅值等于 $\hat{\boldsymbol{s}}_{\mathrm{L}_2}$ 的幅值，相位反相，即 $|\hat{\boldsymbol{s}}_{\mathrm{L}_3}| = |\hat{\boldsymbol{s}}_{\mathrm{L}_2}|$，$\delta_3 = \pi + \delta_2$，可以得到

$$
|\hat{\boldsymbol{R}}_3| = |\boldsymbol{s}_{\mathrm{L}}|\sqrt{2[1 + \cos(\delta_3 - \delta_0)]} = |\boldsymbol{s}_{\mathrm{L}}|\sqrt{2[1 - \cos(\delta_1 - \delta_0)]} \tag{6-34}
$$

式（6 - 33）和式（6 - 34）中均含有 δ_1 和 δ_0，联合两式并运用正切

半角公式，得到

$$\hat{\delta}_0 = \delta_1 \pm 2\arctan \frac{|\hat{\boldsymbol{R}}_3|}{|\hat{\boldsymbol{R}}_2|} \tag{6-35}$$

式中，$\hat{\delta}_0$ 表示对于任意的相位初值进行校正后的最终消除信号中的相位。式中正、负号的选择取决于最终残余误差信号。若取正号，残余误差信号 $|\hat{\boldsymbol{R}}|$ 能达到最小，则式（6-35）中应当取正号，反之取负号。此时，可以得到最终的消除信号为

$$\hat{s}_{LS}(t) = \hat{\boldsymbol{R}}_1 \cos(2\pi f_{BLS}t + \hat{\delta}_0) \tag{6-36}$$

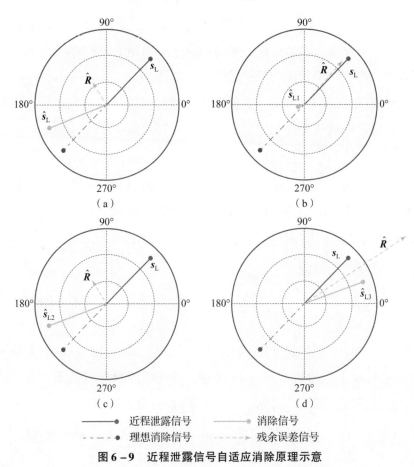

图 6-9　近程泄露信号自适应消除原理示意

6.4.2　近程泄露信号自适应消除流程

中频域中的接收信号是包含目标回波信号和近程泄露信号的，而要构建的消除信号中的 $\hat{\delta}_0$ 实际上与近程泄露信号的 DPN 有关，换言之，消除信号的 $\hat{\delta}_0$ 仅来自近程泄露信号的 DPN，而并不能将中频信号的总 DPN 作为消除信号的 $\hat{\delta}_0$。因此，应当根据 6.3 节中提出的近程泄露信号 DPN 的估计方法得到消除信号的 $\hat{\delta}_0$，然后结合 6.4.1 节中消除信号的构建过程完成近程泄露信号的消除，整个流程如图 6 – 10 所示。

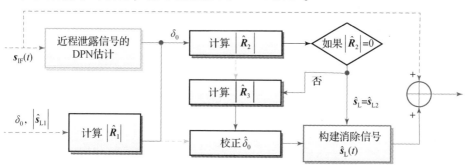

图 6 – 10　近程泄露信号自适应消除流程图

输入量包括 δ_1，$|\hat{s}_{L_1}|$ 和经过 ADC 的中频信号。首先根据采样后的中频信号对近程泄露信号中的 DPN 进行估计，结合近程泄露信号的常值相位得到 δ_0。然后，分别构造消除信号 $|\hat{R}_1|$，$|\hat{R}_2|$ 和 $|\hat{R}_3|$，这里要注意需对 $|\hat{R}_2|$ 进行判别，因为 $|\hat{R}_2|$ 是否为零关系到输入参数 δ_1 对消除结果的影响，具体原因在下一小节中会详细介绍。当 $|\hat{R}_2| = 0$ 时，消除信号即 $\hat{s}_{L_2}$；当 $|\hat{R}_2| \neq 0$ 时，对输入的任意相位 δ_1 继续进行校正从而得到最终的消除信号。最后，用构造的消除信号与输入的中频信号进行加法运算以消除中频信号中的近程泄露信号。

6.4.3　近程泄露信号消除的补充说明

在构建消除信号的过程中，相位对最终的结果起到了关键的作用。式

（6－35）中其实有一个隐含条件，即 $|\hat{\boldsymbol{R}}_2| \neq 0$，而这一条件对于算法中初始消除信号的初值选取比较重要。下面以最基本的调频信号为例进行说明。假设式（6－30）中近程泄露信号的 $|L| = 1$，$f_{BLS} = 1\ \text{MHz}$，不妨认为 $\delta(t)$ 以最简单的线性形式变化，即 $\delta(t) = t$。当 δ_1 分别取 $\pi/6$，$\pi/4$ 和 $\pi/3$ 时，得到的最终消除信号与消除结果分别如图 6－11 和图 6－12 所示。

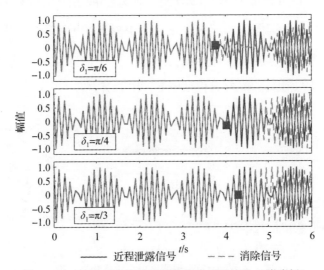

图 6－11　时域中的近程泄露信号和消除信号（附彩插）

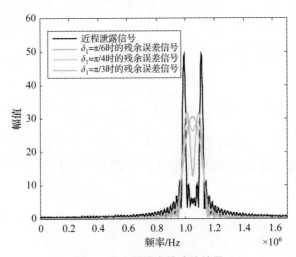

图 6－12　频域中的消除结果

图 6 – 11 和图 6 – 12 所示结果均表明 δ_1 的改变影响了最终消除结果，这与之前对任意 δ_1 的假设是矛盾的。在图 6 – 11 中，得到的消除信号在红色标记点之前与近程泄露信号基本一致，而在红色标记点之后开始出现误差。这是因为当 δ_1 分别取 $\pi/6$，$\pi/4$ 和 $\pi/3$ 时，红色标记点对应的 δ_0 分别为 3.681 rad，3.935 rad 和 4.252 rad，此时，$\delta_0 - \delta_1 \approx \pi$，根据式（6 – 33）计算得到 $|\hat{R}_2| = 0$。事实上，当 $|\hat{R}_2| = 0$ 时，此时对应的 $\hat{R}_2$ 便是最小残余误差信号，故可直接得到 $\hat{\delta}_0 = \delta_1 \pm n\pi$，（$n = 1$，3，5，…）。因此，在运行算法时，一定要预先对 $|\hat{R}_2|$ 进行条件判断。

另外，当改变 $\delta(t)$ 的变化形式时，发现消除结果也不相同，如图 6 – 13 所示，$\delta(t)$ 分别以线性和非线性的形式变化，得到残余误差信号的频谱图也出现了差别。由式（6 – 35）和式（6 – 36）可知，消除信号与残余误差信号 $|\hat{R}_1|$，$|\hat{R}_2|$ 和 $|\hat{R}_3|$ 有关。通过改变采样率可以提高 $|\hat{R}_1|$ 的精度，这一结论将在后面进行说明。从理论上讲，采样频率越高，得到的 $|\hat{R}_1|$ 与实际近程泄露信号的幅值越接近，$|\hat{R}_1|$ 的变化会直接影响 $|\hat{R}|$ 的大小从而改变消除算法的消除性能，但由于受限于硬件条件和计算效率，采样频率也不能过高，所以依然需要做出权衡。在一般情况下，需要首先确定引信所能达到的最大探测距离，根据最大探测距离计算出其对应的中心频率。按照工程设计经验，采样率大于 5 倍的中心频率便能基本满足精度要求。而 $|\hat{R}_2|$ 和 $|\hat{R}_3|$ 却与近程泄露信号的 $\delta(t)$ 有关，不同的 $\delta(t)$ 会产生不同的消除信号，从而影响最终的近程泄露信号消除效果。前面又提到近程泄露信号的 DPN 实际上决定了 $\delta(t)$ 的变化，因此对近程泄露信号的 DPN 准确估计会决定近程泄露信号消除的精度。

6.4.4　仿真验证及分析

为了验证本书所提出的近程泄露信号自适应消除算法在不同条件下的性能，本小节分别考虑系统输入噪声和量化噪声对算法性能的影响，并通

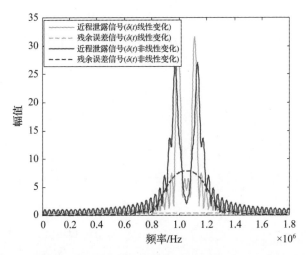

图 6 – 13 不同 $\delta(t)$ 的近程泄露信号和残余误差信号的频谱图（附彩插）

过与现有的其他算法进行比较分析，说明本书所提出算法的优势。

6.4.4.1 系统噪声对消除性能的影响分析

在仿真中，为了符合实际环境，在输入信号中添加不同 SNR 的高斯白噪声，其他的信号参数与前文保持一致。图 6 – 14 给出了 SNR 分别等于5 dB，10 dB，15 dB 和 20 dB 时残余误差信号的频谱图。结果显示，在不同输入噪声的情况下，算法对近程泄露信号所对应的中心频率均有明显的抵消效果。在理想条件下，即在没有输入噪声的情况下，消除结果几乎是完美的。随着输入 SNR 的降低，残余误差信号的旁瓣会逐渐恶化。系统输入噪声的影响主要反映在残余误差信号的整个频带内，会形成噪声基底。图 6 – 15 进一步给出了在一个相位周期内，不同输入噪声条件下的残余误差及相应误差均值。当 SNR 为 5 dB，10 dB，15 dB 和 20 dB 时，其残余误差的均值依次为 0.405 4，0.207 3，0.134 6 和 0.072 4。在低 SNR 下会产生相对较大的残余误差，随着 SNR 的提高，残余误差会逐渐减小。这是因为，本书所提出的消除算法实际上是针对信号的某个特定频率，不同 SNR 的输入信号在残余误差信号上会形成不同的噪声基底。如果输入信号中的噪声比较大甚至淹没了近程泄露信号，就需要预先对整个信号频谱进行处理，在这种情况下，采用近程泄露信号消除算法之前应考虑利用一些滤波技术对噪声进行抑制。

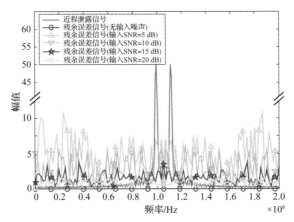

图 6-14　不同 SNR 下残余误差信号的频谱图

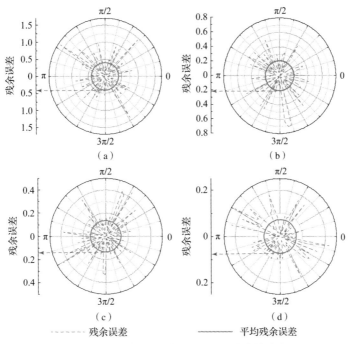

图 6-15　一个相位周期内不同 SNR 对应的残余误差

（a）SNR = 5 dB；（b）SNR = 10 dB；（c）SNR = 15 dB；（d）SNR = 20 dB

同时，为了进一步量化结果，这里定义消除比用以描述算法的消除性能。消除比的计算公式如下：

$$D = 20\log_{10}\frac{|\hat{\boldsymbol{R}}|}{|\boldsymbol{s}_\mathrm{L}|} \qquad (6-37)$$

D 的绝对值越大代表消除性能越好。在不同 SNR 下分别计算近程泄露信号的功率和消除比，得到的结果如图 6-16 所示。在经过算法处理之后，可明显看出近程泄露信号的功率有所下降。消除比的绝对值也随着 SNR 的提高而逐渐增大，这说明算法的消除性能会随着 SNR 的提高而提高。

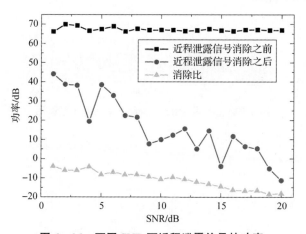

图 6-16　不同 SNR 下近程泄露信号的功率

6.4.4.2　ADC 分辨率对算法的影响分析

中频信号要经过 ADC 采样后方可在数字域中进行信号处理，ADC 的分辨率会决定量化噪声的幅值，因此量化噪声对后续的处理可能也会造成一定的影响。对于理想的 ADC，输入的余弦信号和量化噪声的比值可以用下式表示：

$$\mathrm{SQNR} \approx 1.76\ \mathrm{dB} + 20\lg(2^{r_\mathrm{ADC}}) \qquad (6-38)$$

式中，r_ADC 是 ADC 的分辨率。SQNR 越大代表量化噪声占比越少。分辨率的改变影响 SQNR 的大小，也会影响 $\delta(t)$ 的估计从而造成不同的消除误差。图 6-17 所示为 SQNR 随 r_ADC 的变化关系以及不同条件下的残余误差。

结果表明，分辨率越高，残余误差越小。当 $r_{ADC} > 9$ bit 时，残余误差近似为零，理论上即认为实现了完美的近程泄露信号消除。此外，根据文献[192]的结论，量化噪声应当低于输入信号功率。随后，继续对不同 ADC 分辨率下的消除比进行仿真，得到图 6 – 18 所示的结果。可以看出，当 ADC 分辨率为 10 bit 时，消除比为 – 30.64 dB，考虑到后面系统噪声的影响会削弱消除比，欲保持较好的消除效果，消除比应当尽可能低于 – 30 dB，所以 ADC 分辨率应至少不低于 10 bits。

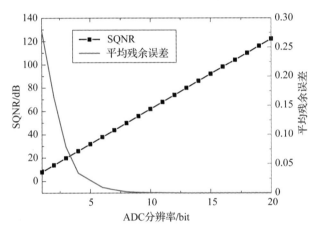

图 6 – 17　SQNR 和平均残余误差随不同 r_{ADC} 的变化

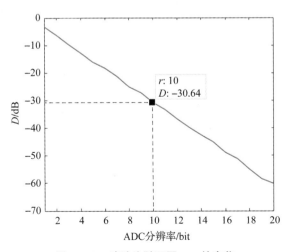

图 6 – 18　消除比随不同 r_{ADC} 的变化

6.4.4.3　与其他算法的比较分析

为了说明本书所提出算法相对其他算法在近程泄露信号消除上的优势，首先选取常用的自适应滤波算法，即最小均方误差（Least Mean Square Error，LMSE）滤波算法[193]、递归最小二乘（Recursive Least Square，RLS）滤波算法[194]和卡尔曼滤波（Kalman Filtering，KF）算法[195]作为比较。这里以输入 SNR 为 20dB 作为例子来说明各种算法的消除结果在频谱上的表现，如图 6 - 19 所示。同时，为了观察系统噪声对各种算法的影响，分别在不同 SNR 下计算了各种算法的消除比，得到图 6 - 20 所示的结果。

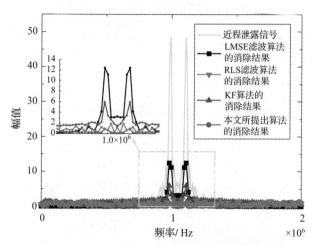

图 6 - 19　SNR = 20 dB 时不同算法消除后的频谱图

图中结果表明，本书所得出算法的消除效果明显优于 LMSE 滤波算法和 RLS 滤波算法。当 SNR < 13 dB 时，相比于 KF 算法，本书所提出算法的消除效果稍显不足，但当噪声较少时，本书所提出算法逐渐显示出优势。LMSE 滤波算法是基于维纳滤波器理论设计的，其对信号的处理是在选择的整个频带内，因此对噪声有很好的抑制作用，但对近程泄露信号的抑制作用并不明显。KF 算法具有很强的收敛性和鲁棒性，对噪声也有一定的抑制作用，但最大的问题是算法复杂，运算量大。RLS 滤波算法的运算量也有同样的问题。进一步地，在不同 ADC 分辨率的条件下比较上述算法在计算机中

的运行时间。在比较运算时间时，LMSE 滤波算法和 RLS 滤波算法的迭代次
数设置为 10。考虑到误差范围，LMSE 滤波算法的滤波器阶数设置为 10，增
益为 0.002 2。对于 RLS 滤波算法，帧长和多项式阶数分别为 21 和 3。其他
仿真参数与前述相同，得到的算法运行时间结果如图 6 – 21 所示。

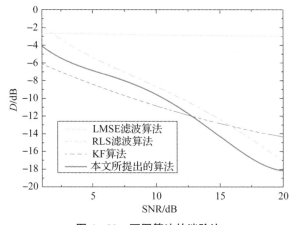

图 6 – 20　不同算法的消除比

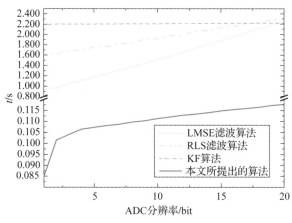

图 6 – 21　不同算法的运行时间

可以看出，算法的运行时间会随着 ADC 分辨率的提高而增加。ADC 分
辨率越高意味着需要越多采样点，因此会耗费更长的运行时间。观察图 6 –
21 还可发现，在给定的仿真条件下，LMSE 滤波算法、RLS 滤波算法和 KF

算法的运行时间均长于 0.8 s，而本书所提出算法的运行时间短于 0.115 s，这说明本书所提出算法具有更高的效率。RLSE 滤波算法和 KF 算法均包含了很多相关函数和矩阵求逆的运算，因此明显耗时更多。然而，根据本书所提出算法的流程，并没有矩阵求逆运算以及诸如 RLSE 滤波算法中的迭代过程，因此大大缩短了运行时间从而提高了算法运行效率。

为了进一步比较本书所提出的算法和其他算法的消除效果，表 6 – 3 列出了本书所提出的算法和现有文献中典型算法的比较结果。可以看出，在采用自差机制的条件下，添加辅助支路能够明显实现较好的消除效果，近程泄露信号的平均消除功率更高。但如前文所述，添加辅助支路会大大提高硬件的设计复杂度和成本，而且受制于支路的硬件水平，得到的消除效果也是参差不齐。相比之下，在外差体制下结合本书提出的算法在近程泄露信号的消除方面具有一定的优势。

表 6 – 3 现有消除算法的比较

参考文献	采用机制	消除算法	平均消除功率/dB
［196］	自差	辅助支路	53
［163］	外差	OCTE	4.5
［176］	自差	闭环参数估计	54
［180］	外差	辅助支路	29
［197］	外差	辅助支路	10.5
［198］	自差	辅助支路	20
本书所提出的算法	外差	自适应	15.9

参 考 文 献

[1] 施坤林, 黄峥, 马宝华, 等. 国外引信技术发展趋势分析与加速发展我国引信技术的必要性 [J]. 探测与控制学报, 2005, 27 (3): 1-5.

[2] 栗苹, 郝新红, 闫晓鹏, 等. 无线电引信抗干扰理论 [M]. 北京: 北京理工大学出版社, 2019: 1-2.

[3] 施坤林, 黄峥, 牛兰杰, 等. 引信的三大基础技术与发展要求 [J]. 探测与控制学报, 2018, 40 (1): 1-4.

[4] 张合. 弹药发展对引信技术的需求与推动 [J]. 兵器装备工程学报, 2018, 39 (3): 1-5.

[5] 齐杏林, 刘尚合, 李宏建. 引信信息型和功率 (能量) 型干扰的概念及其特性分析 [J]. 探测与控制学报, 1999, 21 (2): 32-35.

[6] 张旭东, 郑世举, 余德瑛. 国外无线电引信干扰机的发展状况 [J]. 制导与引信, 2004, 25 (4): 22-25.

[7] HAYKINS S. Cognitive radar - the way of future [J]. IEEE Signal Processing Magazine, 2006, 23 (1): 30-40.

[8] 贾鑫, 朱卫纲, 曲卫, 等. 认知电子战概念及关键技术 [J]. 装备学院学报, 2015, 26 (4): 96-100.

[9] 侯平. 对地无线电引信干扰模式及干扰效果研究 [D]. 南京: 南京理工

大学, 2018.

[10] BOB H. High accuracy radar proximity sensor ［C］. Cincinnati, Ohio, USA: 48th Annual NDIA Fuze Conference, 2004.

[11] JOHN H, BRIAN M. Affordable weapon system: ESAF&HOB design ［C］. Cincinnati, Ohio, USA: 50th Annual NDIA Fuze Conference, 2006.

[12] MAX P. New generation naval artillery multi – function fuze ［C］. Balitimore, MD: 56th Annual Fuze Conference, 2012.

[13] MAX P. Proximity sensor technologies application to new munitions ［C］. Balitimore: 58th Annual NDIA Fuze Conference, 2015.

[14] 宋腾飞. 宽带低截获概率雷达波形设计研究 ［D］. 成都: 电子科技大学, 2015.

[15] 余承伟. 毫米波雷达抗干扰技术研究 ［D］. 武汉: 华中科技大学, 2009.

[16] 赵国忠, 申彦春, 刘影. 太赫兹技术在军事和安全领域的应用 ［J］. 电子测量与仪器学报, 2015, 29 (8): 1097 – 1101.

[17] 王海彬, 黄峥, 文瑞虎. 太赫兹技术在引信中应用的探讨 ［J］. 探测与控制学报, 2016, 38 (6): 1 – 6.

[18] 张樊. 毫米波/太赫兹功率合成实现机理与技术 ［D］. 成都: 电子科技大学, 2018.

[19] 王瑞君. 太赫兹目标散射特性关键技术研究 ［D］. 长沙: 国防科学技术大学, 2015.

[20] 喻洋. 太赫兹雷达目标探测关键技术研究 ［D］. 成都: 电子科技大学, 2016.

[21] 夏红娟, 崔占忠, 周如江. 近感探测与毁伤控制总体技术 ［M］. 北京: 北京理工大学出版社, 2019: 61 – 82.

[22] 邓建平. 伪随机脉位调制与伪码调相复合体制引信研究 ［D］. 南京: 南京理工大学, 2009.

[23] 张红旗, 陈彬, 李晓. 一种相位编码脉冲压缩 V 波段脉冲多普勒引信设计 [J]. 航空兵器, 2020, 27 (1): 33 – 38.

[24] 于洪海, 闫晓鹏, 贾瑞丽. M 序列伪码调相脉冲多普勒引信抗干扰性能研究 [J]. 兵工学报, 2020, 41 (3): 417 – 425.

[25] 周新刚, 赵惠昌, 涂友超, 等. 基于多普勒效应的伪码调相及其与 PAM 复合引信的抗噪声性能分析 [J]. 电子与信息学报, 2008, 30 (8): 1874 – 1877.

[26] 周新刚, 赵惠昌, 徐元银. 伪码调相 PD 引信抗干扰性能测度理论和方法 [J]. 南京理工大学学报 (自然科学版), 2010, 34 (2): 176 – 181.

[27] THOMAS M, JOUNSUP P, SEUNGMO K. BlueFMCW: random frequency hopping radar for mitigation of interference and spoofing [J]. Electrical Engineering, 2020, 1: 1 – 8.

[28] 陈齐乐, 晏祺, 郝新红, 等. 无线电近炸引信混沌码调相与线性调频复合调制波形设计与分析 [J]. 兵工学报, 2018, 39 (11): 2127 – 2136.

[29] 乔彩霞, 郝新红, 陈齐乐, 等. 基于相关旁瓣平均的混沌码与线性调频复合调制无线电引信抗数字射频存储干扰方法 [J]. 兵工学报, 2020, 41 (4): 641 – 647.

[30] 尚浩强. 伪码调相线性调频复合引信调制技术研究 [D]. 南京: 南京理工大学, 2009.

[31] 应涛. 伪码调相锯齿波线性调频复合引信信号处理技术 [D]. 南京: 南京理工大学, 2009.

[32] 熊刚, 赵惠昌, 杨小牛. 伪码调相与正弦调频复合调制脉冲串引信 [J]. 现代雷达, 2007, 29 (2): 12 – 16.

[33] 张淑宁, 朱航, 赵惠昌, 等. 基于周期模糊函数的伪码调相与正弦调频复合引信信号参数提取技术 [J]. 兵工学报, 2014, 35 (5): 627 – 633.

［34］涂友超. 典型伪码体制引信参数提取及干扰效果研究［D］. 南京：南京理工大学, 2010.

［35］何盼盼. 基于波形设计的雷达抗 DRFM 干扰技术研究［D］. 西安：西安科技大学, 2019.

［36］王哲, 闫岩, 金钊, 等. 一种双调制率调频引信抗 DRFM 干扰方法［J］. 制导与引信, 2018, 39（3）：10 – 16.

［37］陈齐乐, 郝新红, 闫晓鹏, 等. 变调制率调频引信双通道相关检测抗数字射频存储干扰方法［J］. 兵工学报, 2019, 40（3）：449 – 455.

［38］CHEN K J, YANG S W, CHEN Y K, et al. LPI Beamforming based on 4 – D antenna arrays with pseudorandom time modulation［J］. IEEE Trans. Antenna and Propagation, 2020, 68（3）：2068 – 2077.

［39］CHEN J, WANG F, ZHOU J J. Information content based optimal radar waveform design：LPI's purpose［J］. Entropy, 2017, 19（210）：1 – 18.

［40］LU G, TANG B, GUI G. Deception ECM signals cancellation processor with joint time – frequency pulse diversity［J］. IEICE Electron Expr, 2011, 8（19）：1608 – 13.

［41］LU G, LIAO S N, LUO S C, et al. Cancellation of complicated DRFM range false targets via temporal pulse diversity［J］. Prog. Electromagn. Res C, 2010, 16（3）：69 – 84.

［42］NING B, LI Z, GUAN L, et al. Probabilistic frequency – hopping sequence with low probability of detection based on spectrum sensing［J］. IET Commun. , 2017, 11：2147 – 2153.

［43］KEERTHI Y, BHATT T D. LPI radar signal generation and detection［J］. International Research Journal of Engineering and Technology, 2015, 2（7）：721 – 727.

［44］GODRICH H, PETROPULU A P, et al. Power allocation strategies for target localization in netted multiple – radar architectures［J］. IEEE

Trans. Signal Process. , 2011, 59 (7): 3226 – 3240.

[45] BARBARY M, ZONG P. Optimisation for stealth target detection based on stratospheric balloon – borne netted radar system [J]. IET Radar Sonar Navig. , 2015, 9 (7): 802 – 816.

[46] BLAIR W D, WATSON G A, KIRUBARAJAN T, et al. Benchmark for radar allocation and tracking in ECM [J]. IEEE Trans. Aerospace Electronic Systems, 1998, 34 (4): 1097 – 1114.

[47] BERGER S D. Digital radio frequency memory linear range gate stealer spectrum [J]. IEEE Trans. Aerospace Electronic Systems, 2003, 39 (2): 725 – 735.

[48] GRECO M, GINI F, FARINA A. Radar detection and classification of jamming signals belonging to a cone class [M]. New Jersey: IEEE Press, 2008: 1084 – 1993.

[49] CHEN V C, LI, et al. Analysis of micro – doppler signatures [J]. Radar, Sonar and Navigation, IEEE Proceedings, 2009, 150 (4): 271 – 276.

[50] POELMAN A J, GUY J R F. Multitouch logic – product polarization suppression filters: a typical design example and its performance in a rain clutter environment [J], Communications Radar & Signal Processing Iee Proceedings F, 1984, 131 (4): 383 – 396.

[51] 李建勋, 秦江敏, 马晓岩. 运用模式分类的雷达抗转发式距离欺骗干扰方法 [J]. 雷达与对抗, 2004, 1: 30 – 32.

[52] 李建勋, 秦江敏, 马晓岩. 雷达抗应答式欺骗干扰中的特征提取研究 [J]. 空军预警学院学报, 2004, 18 (2): 4 – 7.

[53] 李建勋, 唐斌, 吕强. 双谱特征提取在欺骗式干扰方式识别中的应用 [J]. 电子科技大学学报, 2009, 38 (3): 329 – 332.

[54] 田晓. 雷达有源欺骗干扰综合感知方法研究 [D]. 成都: 电子科技

大学, 2013.

[55] ZHAO Y, RAN Z, XIONG Y, et al. ABORT – like detector to combat active deceptive jamming in a network of LFM radars [J]. Chinese Journal of Aeronautics, 2017, 30 (4): 1538 – 1547.

[56] 唐娟, 冉智, 赵源, 等. 基于干扰机功率放大器特性的有源欺骗干扰识别方法 [J]. 数据采集与处理, 2017, 32 (4): 762 – 768.

[57] 杨少奇, 田波, 李欣, 等. 基于时频图像特征提取的 LFM 雷达有源欺骗干扰识别 [J]. 空军工程大学学报 (自然科学版), 2016, 17 (1): 56 – 59.

[58] LI J, SHEN Q, YAN H. Signal feature analysis and experimental verification of radar deception jamming [C]. Proceedings of 2011 IEEE CIE International Conference on Radar, 2011: 230 – 233.

[59] JOYCE B, ANDREA O, CRISTIANO P, et al. Towards cosmological constraints from the compressed modal bispectrum: a robust comparison of real – space bispectrum estimators [J]. Journal of Cosmology and Astroparticle Physics, 2021, 105 (3): 1 – 12.

[60] BINGHAM E, HYVARINEN A. A fast fixed – point algorithm for independent components analysis of complex valued signals [J]. International Journal of Neural Systems, 2000, 10 (1): 1 – 8.

[61] HYVARINEN A. Fast and robust fixed – point algorithms for independent component analysis [J]. IEEE Transactions on Neural Networks, 1999, 10 (3): 626 – 634.

[62] 牛文龙, 吴勇, 杨震, 等. 基于高时相探测的运动点目标检测方法 [J]. 空间科学学报, 2019, 39 (4): 520 – 529.

[63] 定少浒. DRFM 有源欺骗干扰识别算法研究 [D]. 西安: 西安电子科技大学, 2019.

[64] 檀鹏超. 雷达有源欺骗干扰多维特征提取与识别技术研究 [D]. 成

都：电子科技大学, 2016.

[65] 李娜. 雷达有源干扰分类与识别方法研究 [D]. 西安：西安电子科技大学, 2017.

[66] 刘慧敏. 基于深度学习的有源欺骗干扰特征及识别方法研究 [D]. 西安：西安电子科技大学, 2019.

[67] 陈建春, 耿富录. 基于线性预测滤波的抗速度欺骗干扰技术 [J]. 系统工程与电子技术, 2002, 24 (2)：22 – 24.

[68] 郭波, 宋李彬, 周贵良. 分数阶傅里叶滤波在欺骗干扰中的应用研究 [J]. 电子学报, 2012, 40 (7)：1328 – 1332.

[69] ELGAMEL S A, SORAGHAN J. Empirical mode decomposition – based monopulse processor for enhanced radar tracking in the presence of high – power interference [J]. IET Radar Sonar & Navigation, 2011, 5 (7)：769 – 779.

[70] ELGAMEL S A, SORAGHAN J. Using EMD – FrFT filtering to mitigate very high power interference in chirp tracking radars [J]. IEEE Signal Processing Letters, 2011, 18 (4)：263 – 266.

[71] 卢云龙, 李明, 曹润清, 等. 联合时频分布和压缩感知对抗频谱弥散干扰 [J]. 电子与信息学报, 2016, 38 (12)：3275 – 3281.

[72] 张双喜, 张磊, 刘艳阳, 等. 基于 STFT 和 WT 的 SAR 干扰抑制算法 [J]. 电子学报, 2011, 39 (7)：1581 – 1588.

[73] LI X L, SUN Z, YEO T S. Computational efficient refocusing and estimation method for radar moving target with unknown time information [J]. IEEE Trans. Computational Imaging, 2020, 6：544 – 557.

[74] 刘振, 魏玺章, 黎湘. 随机调制压缩感知雷达信号设计与处理 [M]. 北京：科学出版社, 2015：1 – 20.

[75] 段亚博. 调频连续波体制激光与无线电复合引信探测技术研究 [D]. 北京：北京理工大学, 2017.

［76］陆长平, 江露, 刘跃龙. 一种激光/无线电复合引信信号处理技术
　　　［J］. 制导与引信, 2017, 38（3）: 1 – 9.

［77］付春, 潘曦, 宋承天. 调频连续波激光与无线电复合探测技术［J］.
　　　太赫兹科学与电子信息学报, 2016, 14（1）: 40 – 45.

［78］付斯琴, 郭宁. 一种无线电/激光复合引信的脱靶量估算方法［J］.
　　　太赫兹科学与电子信息学报, 2016, 14（4）: 545 – 548.

［79］刘东芳, 陈若飞. 毫米波与静电复合定向探测与目标识别技术［J］.
　　　太赫兹科学与电子信息学报, 2016, 14（3）: 365 – 371.

［80］刘跃龙, 李心结, 陆长平, 等. 复合引信抗干扰性能比较［J］. 制导
　　　与引信, 2019, 40（1）: 6 – 9.

［81］ZHOU C, LIU Q H, CHE X L. Parameter estimation and suppression for
　　　DRFM – based interrupted sampling repeater jammer［J］. IET Radar
　　　Sonar and Navigation, 2018, 12（1）: 56 – 63.

［82］PAN X Y, WANG W, FENG D J, et al. On deception jamming for
　　　countering bistatic ISAR based on sub – Nyquist sampling［J］. IET Radar
　　　Sonar Navig. , 2014, 8（3）: 173 – 9.

［83］VIGNESH R, SUNDARAM G A S, GANDHIRAJ R. Phase – modulated
　　　stepped frequency waveform design for low probability of detection radar
　　　signals［J］. Intelligent Systems, Technologies, and Applications, 2020,
　　　181 – 195.

［84］潘曦, 李东杰, 肖泽龙, 等. 无线电近感探测技术［M］. 北京: 北京
　　　理工大学出版社, 2019, 156 – 158.

［85］徐赐文, 韩文娟. 多级混沌映射变参数伪随机序列产生方法的改进
　　　［J］. 中央民族大学学报, 2017, 26（1）: 39 – 43.

［86］YU Y, GAO S, CHENG S, et al. CBSO: a memetic brain storm
　　　optimization with chaotic local search［J］. Memetic Computing, 2018, 10
　　　（4）: 353 – 367.

[87] ORCAN A. A new chaotic map with three isolated chaotic regions [J]. Nonlinear Dyn. , 2017, 87: 903 – 912.

[88] DRAGAN L, MLADEN N. Pseudo – random number generator based on discrete – space chaotic map [J]. Nonlinear Dyn. , 2017, 90: 223 – 232.

[89] MUSHEER A, DOJA M N, BEG M M S. A new chaotic map based secure and efficient pseudo – random bit sequence generation [J]. Security in Computing and Communications, 2019, 543 – 553.

[90] XIE J, YANG C, XIE Q, et al. An encryption algorithm based on transformed logistic map [C]. IEEE International Conference on Networks Security, Wireless Communications and Trusted Computing, 2009, 2: 111 – 114.

[91] FALIH S M. A new chaotic map for generating chaotic binary sequence [J]. Kufa Journal of Engineering, 2017, 8 (1): 16 – 25.

[92] LIU F, FENG Y G. Dynamic multimapping composite chaotic sequence generator algorithm [J]. AEU – Int J Electron. Commun. , 2019, 107: 231 – 238.

[93] LONG X W, LI K, TIAN J, et al. Ambiguity function analysis of random frequency and PRI agile signals [J]. IEEE Transactions on Aerospace and Electronic Systems, 2021, 57 (1): 382 – 396.

[94] YU S W, KHWAJA A S, MA J W. Compressed sensing of complex – valued data [J]. Signal processing, 2012, 92: 357 – 362.

[95] LI Y C, BEN A. Compressed sensing and parallel acquisition [J]. IEEE Trans. Information Theory, 2017, 63 (8): 4860 – 4882.

[96] ADCOCK B, HANSEN A C, POON C, et al. Breaking the coherence barrier: a new theory for compressed sensing [C]. Forum Mathematics, Sigma, 2017, 5: e4.

[97] KYRIAKIDES I. Adaptive compressive sensing and processing of delay –

doppler radar waveforms ［J］. IEEE Trans. Signal Process. , 2012, 60
（2）: 730 – 739.

［98］ CHEN P, QI C H, WU L N, et al. Estimation of extended targets based
on compressed sensing in cognitive radar system ［J］ IEEE Trans.
Vehicular Tech. , 2017, 66 （2）: 941 – 951.

［99］ 姜义. 基于压缩感知的雷达侦察信号处理技术研究 ［D］. 西安: 西
安电子科技大学, 2018.

［100］ CANDES E J, ROMBERG J, TAO T. Robust uncertainty principles:
exact signal reconstruction from highly incomplete frequency information
［J］. IEEE Trans. Inf. Theory, 2006, 52 （2）: 489 – 509.

［101］ DAI L, CUI C, YU J, et al. Sensing matrix reconstruction method for
compressed sensing radar ［J］. Wireless Pers Commun. , 2015, 84: 605 –
621.

［102］ WEN J, ZHOU Z, WANG J, et al. A sharp condition for exact support
recovery with orthogonal matching pursuit ［J］. IEEE Trans. Signal
Process, 2017, 65 （6）: 1370 – 1382.

［103］ XIE D, PENG H P, LI L X, et al. Semi – tensor compressed sensing
［J］. Digital signal processing, 2016, 58: 85 – 92.

［104］ PANT J K, LU W, ANTONIOU A. New improved algorithm for
compressive sensing based on l_p norm ［J］. IEEE Trans. Circuits and
Systems II: Express Briefs, 2014, 61 （3）: 198 – 202.

［105］ NAZIMBURAK K, HAKAN E. Compressed sensing signal recovery via
forward – backward pursuit ［J］. Digital Signal Processing, 2013, 23:
1539 – 1548.

［106］ JOAO F C M, NIKOS D, MIGUEL R D R. Compressed sensing with
prior information: strategies, geometry, and bounds ［J］. IEEE Trans.
Information Theory, 2017, 63 （7）: 4472 – 4496.

［107］WANG A Y, ZOU A C, TANG B Y Y, et al. Cauchy greedy algorithm for robust sparse recovery and multiclass classification ［J］. Signal Processing, 2019, 164: 284 - 294.

［108］OLIVOS - CASTILLO I C, MENCHACA - MENDEZ R, MENCHACA - MENDEZ R, et al. An optimal greedy algorithm for the single access contention resolution problem ［J］. IEEE Access, 2019, 7: 28452 - 28463.

［109］EQLIMI E, MAKKIABADI B, SAMADZADEHAGHDAM N, et al. A novel underdetermined source recovery algorithm based on k - sparse component analysis ［J］. Circuits, Systems, and Signal Processing, 2019, 38 (3): 1264 - 1286.

［110］LI H, ZHAO L, LI L. Cycle slip detection and repair based on Bayesian compressive sensing ［J］. Acta Phys, Sin. , 2016, 65 (24): 249101 - 1 - 7.

［111］JOSEPH G, MURTHY C R. On the convergence of a bayesian algorithm for joint dictionary learning and sparse recovery ［J］. IEEE Trans. Sig. Proc. , 2020, 68: 343 - 358.

［112］WANG L, ZHAO L, RAHARDJA S, et al. Alternative to extended block sparse bayesian learning and its relation to pattern - coupled sparse bayesian learning ［J］. IEEE Trans. Sig. Proc. , 2018, 66 (10): 2759 - 2771.

［113］WANG L, ZHAO L, YU L, et al. Structured bayesian learning for recovery of clustered sparse signal ［J］. Signal Processing, 2020, 166: 107255.

［114］OSHER S, MAO Y, DONG B. Fast linearized Bregman iteration for compressive sensing and sparse denoising ［J］. Communications in Mathematical Sciences, 2010, 8 (1): 93 - 111.

[115] HERMAN M, STROHMER T. High – resolution radar via compressed sending [J]. IEEE Trans. Signal Processing, 2009, 57 (6): 2275 – 2284.

[116] TU Y, LIN Y. Deep neural network compression technique towards efficient digital signal modulation recognition in edge device [J]. IEEE Access, 2019, 7: 58113 – 58119.

[117] NAZZAL M, EKTI A R, GORCIN A, et al. Exploiting sparsity recovery for compressive spectrum sensing: a machine learning approach [J]. IEEE Access, 2019, 7: 126098 – 126110.

[118] DAVENPORT M A, WAKIN M B. Analysis of orthogonal matching pursuit using the restricted isometry property [J]. IEEE Transactions on Information Theory, 2010, 56 (9): 4395 – 4401.

[119] DONOHO D L, DRORI I, TSAIG Y, et al. Sparse solution of underdetermined linear equations by stagewise orthogonal matching pursuit [M]. Stanford University, 2006.

[120] BLUMENSATH T, DAVIES M. Stagewise weak gradient pursuits [J]. IEEE Trans. Sig. Proc. , 2009, 57 (11): 4333 – 4346.

[121] NEEDELL D, VERSHYNIN R. Signal recovery from incomplete and inaccurate measurements via regularized orthogonal matching pursuit [J]. IEEE J. Sel. Topics Sig. Proc. , 2010, 4 (2): 310 – 316.

[122] NEEDELL D, TROPP J A. CoSaMP: iterative signal recovery from incomplete and inaccurate samples [J]. Appl. Comput. Harmonic Anal. , 2008, 26 (3): 301 – 321.

[123] DAI W, MILENKOVIC O. Subspace pursuit for compressive sensing signal reconstruction [J]. IEEE Trans. Inf. Theory, 2009, 55 (5): 2230 – 2249.

[124] NAZIM B K, HAKAN E. Compressed sensing signal recovery via forward –

backward pursuit [J]. Digital Signal Processing, 2013, 23: 1539 – 1548.

[125] FENG W, SUN G L, LI Z Z, et al. Selection order framework algorithm for compressed sensing [J]. Signal Processing, 2017, 138: 121 – 128.

[126] WANG J. Support recovery with orthogonal matching pursuit in the presence of noise [J]. IEEE Trans. Signal processing, 2015, 63 (21): 5868 – 5877.

[127] YANG M, HOOG F de. Orthogonal matching pursuit with thresholding and its application in compressive sensing [J]. IEEE Trans. Signal processing, 2015, 63 (20): 5479 – 5486.

[128] WANG F, SUN G L, LI Z Z, et al. Selection order framework algorithm for compressed sensing [J]. Signal processing, 2017, 138: 121 – 128.

[129] ZHANG C Z, XU H Y, JIANG H Q. Adaptive block greedy algorithms for receiving multi – narrowband signal in compressive sensing radar reconnaissance receiver [J]. Journal of Systems Engineering and Electronics, 2018, 29 (6): 1158 – 1169.

[130] WU R, HUANG W, CHEN D R. The exact support recovery of sparse signals with noise via orthogonal matching pursuit [J]. IEEE Signal Process. Lett. , 2013, 20 (4): 403 – 406.

[131] CAI T T, WANG L. Orthogonal matching pursuit for sparse signal recovery with noise [J]. IEEE Trans. Inf. Theory, 2011, 57 (7): 4680 – 4688.

[132] COVER T M, THOMAS J A. Elements of information theory [M]. New York: Wiley, 1991, ch. 9: 224 – 238.

[133] LIU E, E K P CHONG, SCHARF L L. Greedy adaptive linear compression in signal – plus – noise models [J]. IEEE Trans. Inf. Theory, 2014, 60 (4): 2269 – 2280.

［134］ RICHARDS M A. Fundamentals of radar signal processing（second ed.）［M］. Mc‐Graw‐Hill Education，2014.

［135］ CHEN S Y，CHENG Z Y，LIU C，et al. A blind stopping condition for orthogonal matching pursuit with applications to compressive sensing radar［J］. Signal processing，2019，165：331‐342.

［136］ ZHANG，ZHU D，ZHANG G. Adaptive compressed sensing radar oriented toward cognitive detection in dynamic sparse target scene［J］. IEEE Trans. Signal Process.，2012，60（4）：1718‐1729.

［137］ HUANG T Y，LIU Y M，XU X Y，et al. Analysis of frequency agile radar via compressed sensing［J］. IEEE Trans. Signal Process.，2018，66（23）：6228‐6240.

［138］ XU J，YU J，PENG Y N，et al. Radon‐Fourier transform for radar target detection（I）：generalized doppler filter bank［J］. IEEE Trans. Aerosp. Electron. Syst.，2011，47（2）：1186‐1202.

［139］ CHEN X L，GUAN J，et al. Maneuvering target detection via radon‐fractional Fourier transform‐based long‐time coherent integration［J］. IEEE Trans. Signal Process.，2014，62（4）：939‐953.

［140］ TIAN J，XIA X，CUI W，et al. A coherent integration method via radon‐NUFrFT for random PRI radar［J］. IEEE Trans. Aerosp. Electron. Syst.，2017，53（4）：2101‐2109.

［141］ H Z Q，MARK W M，I R，et al. Nonuniform sampling and spectral aliasing［J］. Journal of Magnetic resonance，2009，199：88‐93.

［142］ LU Y，TANG Z，ZHANG Y，et al. Maximum unambiguous frequency of random PRI radar［C］. 2016 CIE International Conference on Radar（RADAR），Guangzhou，CN，2016：1‐5.

［143］ KONG Y，CUI G，GUO S，et al. Coherent radar detection framework with non‐uniform pulse repetition intervals［J］. IEEE Access，2019，

8：18645 – 18657.

［144］ LIU S, SHAN T, TAO R, et al. Sparse discrete fractional Fourier transform and its applications ［J］. IEEE Trans. Signal Process. , 2014, 62 （24）: 6582 – 6595.

［145］ XU L, ZHANG F, TAO R. Randomized nonuniform sampling and reconstruction in fractional Fourier domain ［J］. Signal Processing, 2016, 120: 311 – 322.

［146］ HAO G, GUO J, BAI Y, et al. Novel method for non – stationary signals via high – concentration time – frequency analysis using SSTFrFT ［J］. Circuit, Systems and Signal Processing, 2020, 39 （11）: 5710 – 5728.

［147］ JAWAD M, ZEESHAN M: Common frequency extraction for band pass sampling based frequency de – hopper ［C］. Proceedings of the 12th IEEE international ELEKTRO conference, 2018: 1 – 5.

［148］ ZEESHAN M, KHAN S A. A novel digital frequencydehopper using bandpass sampling technique ［C］. Proceedings of the 9th IEEE international conference on electrical and electronics engineering, 2015: 739 – 743.

［149］ MUHAMMAD J, MUHAMMAD Z. A novel algorithm for frequency de – hopping in radars using agile bandpass sampling for electronic support measurement ［J］. Telecommunication Systems, 2020, 73: 443 – 454.

［150］ LIAO Z, LI Y. A range profile synthesis method for random frequency hopping radar and comparison with experiments ［J］. Procedia Computer Science, 2018, 131: 545 – 550.

［151］ WANG L, LIU Z, FENG Y, et al. A parameter estimation method for time – frequency overlapped frequency hopping signals based on sparse linear regression and quadratic envelope optimization ［J］. Int. J. Commun. Syst. , 2020, 33: e4463.

[152] LIU F, MICHAEL W M, NATHAN A G, et al. Compressive sampling for detection of frequency – hopping spread spectrum signals [J]. IEEE Trans. Signal Process. , 2016, 64 (21): 5513 – 5524.

[153] 卢广阔. 时频域多分量信号分析识别研究 [D]. 成都: 电子科技大学, 2016.

[154] 栾俊宝, 邓兵. 短时分数阶傅里叶变换对调频信号的时频分辨能力 [J]. 电讯技术, 2015, 55 (7): 773 – 778.

[155] MENDLOVIC D, ZALEVSKY Z, LOHMANN A W, et al. Signal spatial – filtering using localized fractional Fourier transform [J]. Opt. Commun. , 1996, 126: 14 – 18.

[156] OZAKTAS H M, KUTAY M A, ZALEVSKY Z. Applications of the fractional Fourier transform to matched filtering, detection, and pattern recognition [C]. Proc. Fractional Fourier Transform with Appl. Opt. Signal Process. , New York: Wiley, 2000: 455 – 460.

[157] STANKOVI'C L. Digital signal processing: with selected topics: adaptive systems, time – frequency analysis, sparse signal processing [M] North Charleston, SC, USA: CreateSpace, 2015.

[158] TAO R, LEI Y, WANG Y. Short – time fractional Fourier transform and its applications [J]. IEEE Trans. Signal Process. , 2010, 58 (5): 2568 – 2580.

[159] ZHANG F, BI G, CHEN Y Q. Chip signal analysis by using adaptive short – time fractional Fourier transform [C]. Proc. 10th Europ. Signal Process. Conf. , Tampere, Finland, 2000: 1 – 4.

[160] SHI J, ZHENG J B, LIU X P, et al. Novel short – time fractional Fourier transform: theory, implementation, and applications [J]. IEEE Trans. Signal Process. , 2020, 68: 3280 – 3295.

[161] OZAKTAS H M, ANKAN O, KUTAY M A, et al. Digital computation of

the fractional Fourier transform ［C］. IEEE Trans. Signal Process. , 1996, 44 (9): 2141 – 2150.

［162］潘云龙. 射频干扰对消系统理论与技术研究 ［D］. 南京: 东南大学, 2018.

［163］MELZER A, ONIC A, STARZER F, et al. Short – range leakage cancelation in FMCW radar transceivers using an artificial on – chip target ［J］. IEEE Journal of selected topics in signal processing, 2015, 9 (8): 1650 – 1659.

［164］BUDGE M C Jr. , BURT M P. Range correlation effects in radars ［C］. Rec. IEEE Nat. Radar Conf. , Lynnfield, MA, USA, 1993: 212 – 216.

［165］RAZAVI B. Design considerations for direct – conversion receivers ［J］. IEEE Trans. Circuits Syst. Ⅱ, Analog Digit. Signal Process. , 1997, 44 (6): 428 – 435.

［166］LIN K, WANG Y E, PAO C – K, et al. A Ka – band FMCW radar front – end with adaptive leakage cancellation ［J］. IEEE Trans. Microw. Theory Techn. , 2006, 54 (12): 4041 – 4048.

［167］SHIN D – H, JUNG D – H, KIM D – C, et al. A distributed FMCW radar system based on fiber – optic links for small drone detection ［J］. IEEE Trans. Instrum. Meas. , 2017, 66 (2): 340 – 347.

［168］SUH J S, MINZ L, JUNG D H, et al. Drone – based external calibration of a fully synchronized Ku – band heterodyne FMCW radar ［J］. IEEE Trans. Instrum. Meas. , 2017, 66 (8): 2189 – 2197.

［169］PEREZ D, GIL I, GAGO J, et al. Reduction of electromagnetic interference susceptibility in small – signal analog circuits using complementary splitting resonators ［J］. IEEE Trans. Compon. Packag. , Manuf. Technol. , 2012, 2 (2): 240 – 247.

［170］WEI K, LI J Y, WANG L, et al. Mutual coupling reduction by novel fractal defected ground structure bandgap filter [J]. IEEE Tans. On Antennas and Propagation, 2016, 64 (10): 4328 – 4336.

[171] KOLODZIEJ K E, MCMICHAEL J G, PERRY B T. Multitap RF canceller for in – band full – duplex wireless communications [J]. IEEE Trans. Wireless Commun. , 2016, 15 (6): 4321 – 4334.

[172] ESLAMPANAH R, AHMED S, WILLIAMSON M, et al. Adaptive duplexing for transceivers supporting aggregated transmissions [J]. IEEE Trans. Veh. Techn. , 2016, 65 (9): 6842 – 6852.

[173] ZHOU J, CHUANG T H, DINC T. Integrated wideband self – interference cancellation in the RF domain for FDD and full – duplex wireless [J]. IEEE J. Solid – State Circuits, 2015, 50 (12): 3015 – 3031.

[174] MELZER A, STARZER F, JÄGER H. Real – time mitigation of short – range leakage in automotive FMCW radar transceivers [J]. IEEE Trans. Circuits Syst. II: Express Briefs, 2017, 64 (7): 847 – 851.

[175] MELZER A, HUEMER M, ONIC A. Novel mixed – signal based short – range leakage canceler for FMCW radar transceiver MMICs [C]. IEEE Int. Symp. Circuits Syst. , Baltimore, MD, 2017: 1 – 4.

[176] ADNAN K, MUHAMMAD Z W, LAURI A, et al. Adaptive nonlinear RF cancellation for improved isolation in simultaneous Transmit – receive systems [J]. IEEE Trans. Microw. Theory Techn. , 2018, 66 (5): 2299 – 2312.

[177] KIM M S, JUNG S C, JEONG J, et al. Adaptive TX leakage canceler for the UHF RFID reader front end using a direct leaky coupling method [J]. IEEE Trans. Ind. Electron. , 2014, 61 (4): 2081 – 2087.

[178] JUNG J W, ROH H H, KIM J C, et al. TX leakage cancellation via a micro controller and high TX – to – RX isolations covering an UHF RFID

frequency band of 908 – 914 MHz ［J］. IEEE Microw. Wireless Compon. Lett. , 2008, 18 （10）: 710 –712.

［179］ LASSER G, GARTNER W, LANGWIESER R, et al. Fast algorithm for leakage carrier canceller adjustment ［C］. Eur. RFID Technol. Tech. Dig. , 2012: 46 –51.

［180］ MADDIO S, CIDRONALI A, MANES G. Real – time adaptive transmitter leakage cancelling in 5. 8 – GHz Full – duplex transceivers ［J］. IEEE Trans. Microw. Theory Techn. , 2015, 63 （2）: 509 –519.

［181］ 饶瑞楠. 自适应对消的收发隔离技术 ［D］. 西安: 西安电子科技大学, 2006.

［182］ 曹斌芳. 自适应噪声抵消技术的研究 ［D］. 长沙: 湖南大学, 2007.

［183］ DHAR D, VANZEIJL P T M, MILOSEVIC D, et al. Modeling and analysis of the effects of PLL phase noise on FMCW radar performance ［C］. Proc. IEEE Int. Symp. Circuits Syst. （ISCAS）, Baltimore, MD, USA, 2017: 1079 –1082.

［184］ HERZEL F, ERGINTAV A, SUN Y M. Phase noise modeling for integrated PLLs in FMCW radar ［J］. IEEE Trans. on circuits and systems II: Express Briefs, 2013, 60 （3）: 137 –141.

［185］ CAROTENUTO V, AUBRY A, MAIO A D, et al. Phase noise modeling and its effects on the performance of some radar signal processors ［C］. Proc. IEEE Radar Conf. （RadarCon）, 2015: 0274 –0279.

［186］ GERSTMAIR M, MELZER A, ONIC A, et al. Highly efficient environment for FMCW radar phase noise simulations in IF domain ［J］. IEEE Trans. on circuits and systems II: Express Briefs, 2018, 65 （5）: 582 –586.

［187］ MELZER , ONIC A, HUEMER M. Phase noise estimation in FMCW

radar transceivers using an artificial on – chip target [C]. IEEE MTT –
S Int. Microw. Symp. Dig. , San Francisco, CA, USA, 2016: 1 – 4.

[188] MELZER A, ONIC A, HUEMER M. Online phase – noise estimation in
FMCW radar transceivers using an artificial on – chip target [J]. IEEE
Trans. Microw. Theory Techn. , 2016, 64 (12): 4789 – 4800.

[189] MATHECKEN P, RIIHONEN T, WERNER S, et al. Phase noise
estimation in OFDM: utilizing its associated spectral geometry [J].
IEEE Trans. Signal Process. , 2016, 64 (8): 1999 – 2012.

[190] ARWINI K, DODSON C T J. Information geometry: near randomness
and near independence [M]. Berlin: Springer, 2008: 25 – 40.

[191] MELZER A, ONIC A, HUEMER M. On the sensitivity degradation
caused by short – range leakage in FMCW radar systems [C]. in Lecture
Notes in Computer Science (LNCS): Computer Aided Systems Theory
(EUROCAST 2015) . Switzerland: Springer Int. , 2015: 513 – 520.

[192] MELZER A, STARZER F, JÄGER H, et al. On – chip delay line for
extraction of decorrelated phase noise in FMCW radar transceiver MMICs
[C]. Proc. 23rd Austrian Workshop Microelectron. (Austrochip),
Vienna, Austria, 2015.

[193] LI Z F, LI D, XU X L, et al. New normalized LMS adaptive filter with a
variable regularization factor [J]. Journal of Systems Engineering and
Electronics, 2019, 2: 259 – 269.

[194] SHADAB A. Implementation of Recursive Least Squares (RLS) adaptive
filter for noise cancellation [J]. International Journal of Scientific
Engineering and Technology, 2012, 1 (4): 46 – 48.

[195] KONG X W, LI J Z, XIA W. Kalman filter algorithm for adaptive digital
predistortion [J]. Applied Mechanics and Materials, 2013, 347: 2385 –
2389.

[196] RAZAVI B. Design considerations for direct – conversion receivers [J]. IEEE Trans. Circuits Syst. II, Analog Digit. Signal Process. 1997, 446: 428 – 435.

[197] PARK J, PARK S, KIM D, et al. Leakage mitigation in heterodyne FMCW radar for small drone detection with stationary point concentration technique [J]. IEEE Trans. Microw. Theory Techn. 2019, 67 (3): 1221 – 1232.

[198] MA Y, LIU Q S, ZHANG X L. Research on carrier leakage cancellation technology of FMCW system [C]. 2016 IEEE 18th International conference on advanced communications technology (ICACT), Korea, 2016: 7 – 9.

附　录

模糊函数统计特征
表达式的推导

式（3-36）的推导过程如下。

为了便于表示，记 $R_{i,i} \triangleq R_{i,i}(\tau_0, f_d)$。同时，由于多参数复合调制信号的载频 f_i 必须在给定的带宽内变化，相对于工作频率，带宽的范围通常比较小，因此有 $f_i/f_c \approx 1$。将式（2-25）代入式（2-24），得到 $R_{i,i}$ 的简化形式为

$$
\begin{aligned}
R_{i,i} &= \exp(j\pi\mu\tau_0^2)\exp[\,j2\pi f_i\tau_0(\mu-1)\,]\exp\left[\,j2\pi\left(t_i+\frac{1}{2}(\tau_0+T_{p_i})\right)(f_d-\mu\tau_0)\,\right] \\
&\quad \cdot T_{p_i}P_{i,i}(\tau_0)\operatorname{sinc}[\,(f_d-\mu\tau_0)T_{p_i}P_{i,i}(\tau_0)\,] \\
&= T_{p_i}P_{i,i}(\tau_0)\operatorname{sinc}[\,(f_d-\mu\tau_0)T_{p_i}P_{i,i}(\tau_0)\,]\exp[\,j2\pi f_i\tau_0(\mu-1)\,] \\
&\quad \cdot \exp[\,j2\pi(f_d-\mu\tau_0)t_i\,]\exp[\,j\pi(\mu\tau_0^2-(\tau_0+T_{p_i})(f_d-\mu\tau_0))\,]
\end{aligned}
$$

$$
(F-1)
$$

根据期望的定义，有

$$
E[\,AF(\tau_0, f_d)\,] = E\left[\frac{1}{I^2 T_{p_i}^2}\left|\sum_{i=1}^{I} R_{i,i}(\tau_0, f_d)\right|^2\right] = \frac{1}{I^2 T_{p_i}^2}\sum_{i=1}^{I}\sum_{m=1}^{I} E[\,R_{i,i}R_{m,m}^*\,]
$$

$$
(F-2)
$$

将式（F-1）代入式（F-2），得到

$$E[AF(\tau_0, f_d)] = \frac{1}{I^2 T_{p_i}^2} T_{p_i}^2 P_{i,i}^2(\tau_0) \text{sinc}^2[(f_d - \mu\tau_0) T_{p_i} P_{i,i}(\tau_0)]$$

$$\cdot \sum_{i=1}^{I} \sum_{m=1}^{I} E\{\exp[j2\pi f_i \tau_0(\mu - 1)] \exp[-j2\pi f_m \tau_0(\mu - 1)]$$

$$\cdot \exp[j2\pi(f_d - \mu\tau_0) t_i] \exp[-j2\pi(f_d - \mu\tau_0) t_m]$$

$$\cdot \exp[-j\pi(f_d - \mu\tau_0) T_{p_i}] \exp[j\pi(f_d - \mu\tau_0) T_{p_m}]\}$$

$$= \frac{1}{I^2} P_{i,i}^2(\tau_0) \text{sinc}^2[(f_d - \mu\tau_0) T_{p_i} P_{i,i}(\tau_0)]$$

$$\cdot \sum_{i=1}^{I} \sum_{m=1}^{I} E\{\exp[j2\pi f_i \tau_0(\mu - 1)] \exp[-j2\pi f_m \tau_0(\mu - 1)]$$

$$\cdot \exp[j2\pi(f_d - \mu\tau_0)(t_i - T_{p_i}/2)] \exp[-j2\pi(f_d - \mu\tau_0)$$

$$(t_m - T_{p_m}/2)]\}$$

$$= P_{i,i}^2(\tau_0) \text{sinc}^2[(f_d - \mu\tau_0) T_{p_i} P_{i,i}(\tau_0)] \cdot \left\{\frac{1}{I} + \frac{1}{I^2}\right.$$

$$\sum_{i=1}^{I} \sum_{I} E\left\{\exp[j2\pi f_i \tau_0(\mu - 1)] \exp[-j2\pi f_m \tau_0(\mu - 1)]\right.$$

$$\cdot \exp[j2\pi(f_d - \mu\tau_0)(t_i - T_{p_i}/2)] \exp[-j2\pi(f_d - \mu\tau_0)$$

$$\left.\left.(t_m - T_{p_m}/2)]\right\}\right\}$$

$$(F-3)$$

将式 (3-33)、式 (3-34) 和式 (3-35) 代入式 (F-3)，得到模糊函数的期望解析式为

$$E[AF(\tau_0, f_d)] = AF_C(\tau_0, f_d)\left[\frac{1}{I} + \frac{1}{I^2}\sum_{i=1}^{I}\sum_{I}\gamma_{f_i}(\tau_0)\gamma_{f_m}^*(\tau_0)\gamma_{T_{p_i}}(f_d)\gamma_{T_{p_m}}^*(f_d)\right]$$

$$= AF_C(\tau_0, f_d)\left[\frac{1}{I} + \frac{1}{I^2}\sum_{i=1}^{I}\sum_{m=1}^{I}\gamma_{f_i}(\tau_0)\gamma_{f_m}^*(\tau_0)\gamma_{T_{p_i}}(f_d)\gamma_{T_{p_m}}^*(f_d)\right.$$

$$\left. - \frac{1}{I^2}\sum_{i=1}^{I}\gamma_{f_i}(\tau_0)\gamma_{f_i}^*(\tau_0)\gamma_{T_{p_i}}(f_d)\gamma_{T_{p_i}}^*(f_d)\right]$$

$$= AF_C(\tau_0, f_d)\left[\frac{1}{I} + \frac{1}{I^2}\left|\sum_{i=1}^{I}\gamma_{f_i}(\tau_0)\gamma_{T_{p_i}}(f_d)\right|^2 - \frac{1}{I^2}\sum_{i=1}^{I}\left|\gamma_{f_i}(\tau_0)\gamma_{T_{p_i}}(f_d)\right|^2\right]$$

$$= AF_C(\tau_0, f_d)[AF_1(\tau_0, f_d) + AF_2(\tau_0, f_d)]$$

$$(F-4)$$

式（3-37）的推导过程如下。

根据式（3-32）的关系以及式（F-4）的结果，欲求模糊函数的方差，只需求得 $E[AF^2(\tau_0, f_d)]$。将式（3-27）代入 $E[AF^2(\tau_0, f_d)]$，有

$$E[AF^2(\tau_0, f_d)] = E\left[\frac{1}{I^4 T_{p_i}^4} \left| \sum_{i=1}^{I} R_{i,i} \right|^4\right] = \frac{1}{I^4 T_{p_i}^4} \sum_{i=1}^{I} \sum_{m=1}^{I} \sum_{n=1}^{I} \sum_{l=1}^{I} E[R_{i,i} R_{m,m}^* R_{n,n} R_{l,l}^*]$$

（F-5）

根据式（F-1）中 $R_{i,i}$ 的结果，上式可以写成

$$\begin{aligned}
E[AF^2(\tau_0, f_d)] = AF_C^2(\tau_0, f_d) \frac{1}{I^4} \sum_{i=1}^{I} \sum_{m=1}^{I} \sum_{n=1}^{I} \sum_{l=1}^{I} E\{\exp[j2\pi\tau_0(\mu-1) \\
(f_i - f_m + f_n - f_l)] \cdot \exp[j2\pi(f_d - \mu\tau_0)(t_i - t_m + t_n - \\
t_l - T_{p_i}/2 + T_{p_m}/2 - T_{p_n}/2 + T_{p_i}/2)]\}
\end{aligned}$$

（F-6）

令

$$\begin{aligned}
L(i,m,n,l) = E\{\exp[j2\pi\tau_0(\mu-1)(f_i - f_m + f_n - f_l)] \\
\cdot \exp[j2\pi(f_d - \mu\tau_0)(t_i - t_m + t_n - t_l - T_{p_i}/2 + T_{p_m}/2 - T_{p_n}/2 \\
+ T_{p_i}/2)]\}
\end{aligned}$$

（F-7）

对于 $L(i,m,n,l)$，有以下几种情形。

当 $i = m = l = n$ 或 $i = m \neq l = n$ 时，$L(i, m, n, l) = 1$；

当 $i \neq m = l = n$ 或 $i \neq m \neq l = n$ 时，

$$L(i,m,n,l) = E\{\exp[j2\pi\tau_0(\mu-1)(f_i - f_m)]\exp[j2\pi(f_d - \mu\tau_0)(t_i - t_m - T_{p_i}/2 + T_{p_m}/2)]\} = \gamma_{f_i}(\tau_0)\gamma_{f_m}^*(\tau_0)\gamma_{T_{p_i}}(f_d)\gamma_{T_{p_n}}^*(f_d)；$$

当 $i = m = l \neq n$ 或 $i = m \neq l \neq n$ 时，

$$L(i,m,n,l) = E\{\exp[j2\pi\tau_0(\mu-1)(f_n - f_l)]\exp[j2\pi(f_d - \mu\tau_0)(t_n - t_l - T_{p_n}/2 + T_{p_i}/2)]\} = \gamma_{f_n}(\tau_0)\gamma_{f_i}^*(\tau_0)\gamma_{T_{p_n}}(f_d)\gamma_{T_{p_i}}^*(f_d)；$$

当 $i \neq m = l \neq n$ 或 $i \neq m \neq l \neq n$ 时，

$$L(i,m,n,l) = \gamma_{f_i}(\tau_0)\gamma_{f_m}^*(\tau_0)\gamma_{T_{p_i}}(f_d)\gamma_{T_{p_m}}^*(f_d)\gamma_{f_n}(\tau_0)\gamma_{f_l}^*(\tau_0)\gamma_{T_{p_n}}(f_d)\gamma_{T_{p_i}}^*(f_d)。$$

因此，忽略下标的影响，$L(i,m,n,l)$ 可近似表示为

$$L(i,m,n,l) = \begin{cases} 1, \ i=m=l=n \ \text{或} \ i=m \neq l=n \\ [\gamma_{f_i}(\tau_0)(\tau_0)\gamma_{T_{p_i}}(f_d)(f_d)]2, i \neq m=l \neq n \ \text{或} \ i \neq m \neq l \neq n \\ \gamma_{f_i}(\tau_0)\gamma_{f_m}^*(\tau_0)\gamma_{T_{p_i}}(f_d)\gamma_{T_{p_n}}^*(f_d), \text{其他} \end{cases}$$

$$(\text{F}-8)$$

将式 (F-8) 代入式 (F-6)，得到

$$\begin{aligned}
E[AF^2(\tau_0,f_d)] &= AF_C^2(\tau_0,f_d)\frac{1}{I^4}\sum_{i=1}^{I}\sum_{m=1}^{I}\sum_{n=1}^{I}\sum_{l=1}^{I}L(i,m,n,l)\\
&= AF_C^2(\tau_0,f_d)\frac{1}{I^4}\left\{ 2 + 4\left[\sum_{i=1}^{I}\sum_{m=1}^{I}\gamma_{f_i}(\tau_0)\gamma_{f_m}^*(\tau_0)\gamma_{T_{p_i}}(f_d)\gamma_{T_{p_m}}^*(f_d)\right.\right.\\
&\quad \left. -\sum_{i=1}^{I}\gamma_{f_i}(\tau_0)\gamma_{f_i}^*(\tau_0)\gamma_{T_{p_i}}(f_d)\gamma_{T_{p_i}}^*(f_d)\right] + 2\sum_{i=1}^{I}\sum_{I}[\gamma_{f_i}(\tau_0)\gamma_{f_m}^*\\
&\quad \left.(\tau_0)\gamma_{T_{p_i}}(f_d)\gamma_{T_{p_m}}^*(f_d)]^2\right\}\\
&\approx AF_C^2(\tau_0,f_d)\frac{1}{I^4}\left\{ 2 + 4\left[\sum_{i=1}^{I}\sum_{m=1}^{I}\gamma_{f_i}(\tau_0)\gamma_{f_m}^*(\tau_0)\gamma_{T_{p_i}}(f_d)\gamma_{T_{p_m}}^*(f_d)\right.\right.\\
&\quad \left. -\sum_{i=1}^{I}\gamma_{f_i}(\tau_0)\gamma_{f_i}^*(\tau_0)\gamma_{T_{p_i}}(f_d)\gamma_{T_{p_i}}^*(f_d)\right] + 2\left[\sum_{i=1}^{I}\sum_{m=1}^{I}\gamma_{f_i}(\tau_0)\gamma_{f_m}^*\right.\\
&\quad \left.\left. \cdot(\tau_0)\gamma_{T_{p_i}}(f_d)\gamma_{T_{p_m}}^*(f_d) - \sum_{i=1}^{I}\gamma_{f_i}(\tau_0)\gamma_{f_i}^*(\tau_0)\gamma_{T_{p_i}}(f_d)\gamma_{T_{p_i}}^*(f_d)\right]^2\right\}\\
&= 2AF_C^2(\tau_0,f_d)\frac{1}{I^4}\left[1 + \sum_{i=1}^{I}\sum_{m=1}^{I}\gamma_{f_i}(\tau_0)\gamma_{f_m}^*(\tau_0)\gamma_{T_{p_i}}(f_d)\gamma_{T_{p_m}}^*(f_d)\right.\\
&\quad \left. -\sum_{i=1}^{I}\gamma_{f_i}(\tau_0)\gamma_{f_i}^*(\tau_0)\gamma_{T_{p_i}}(f_d)\gamma_{T_{p_i}}^*(f_d)\right]^2\\
&= 2AF_C^2(\tau_0,f_d)[{}^AF_1(\tau_0,f_d) + AF_2(\tau_0,f_d)]2
\end{aligned}$$

$$(\text{F}-9)$$

因此，将式 (F-9) 和式 (F-4) 代入式 (3-32)，得到多参数复合调制信号模糊函数的方差为

$$\text{var}[AF(\tau_0,f_d)] = AF_C^2(\tau_0,f_d)[AF_1(\tau_0,f_d) + AF_2(\tau_0,f_d)]^2$$

$$(\text{F}-10)$$

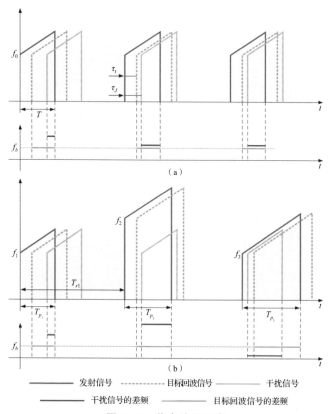

图 3 - 2　收发信号示意

（a）传统锯齿形调频信号；（b）多参数复合调制信号

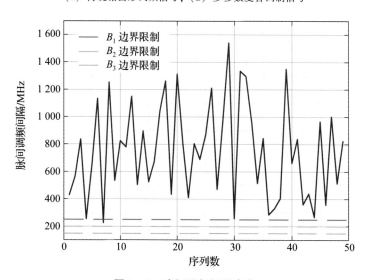

图 3 - 8　脉间跳频间隔变化

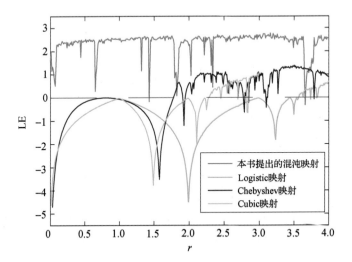

图 3 - 9　不同映射的李氏指数比较

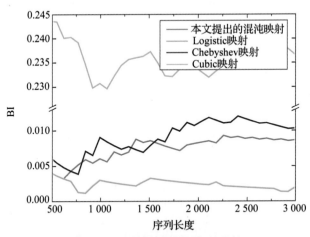

图 3 - 10　不同映射的平衡性比较

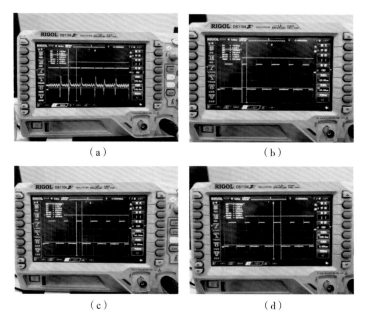

图 3 – 22　中频信号测试结果

（a）多参数复合调制信号的中频测试；（b）时宽为 3 μs 的测试；

（c）时宽为 4 μs 的测试；（d）时宽为 5 μs 的测试

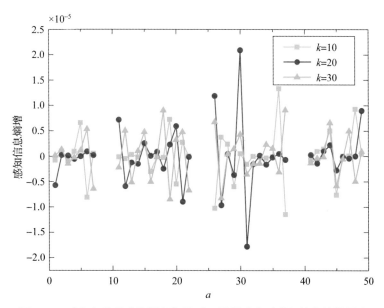

图 4 – 2　感知矩阵为高斯随机矩阵时不同稀疏度对感知信息熵的影响

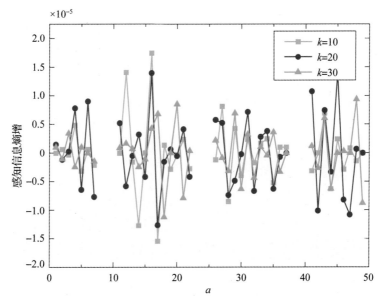

图 4 – 3 感知矩阵为伯努利随机矩阵时不同稀疏度对感知信息熵的影响

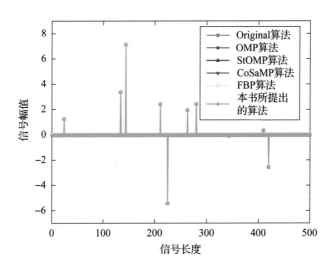

图 4 – 5 无噪环境下恢复信号和原始信号的比较

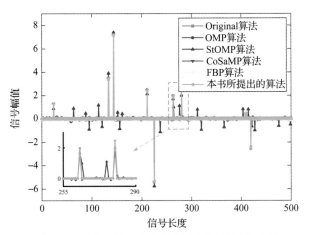

图 4 – 6　噪声环境下恢复信号和原始信号的比较

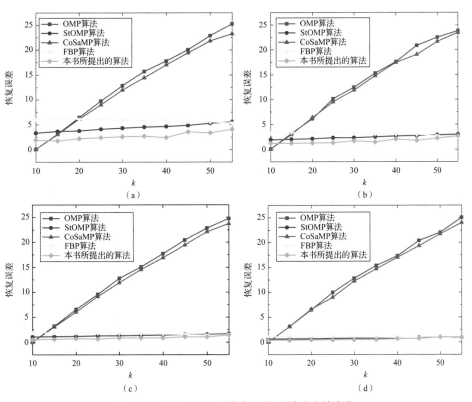

图 4 – 7　不同 SNR 下恢复误差随稀疏度的变化

（a）SNR = 10 dB；（b）SNR = 15 dB；（c）SNR = 20 dB；（d）SNR = 25 dB

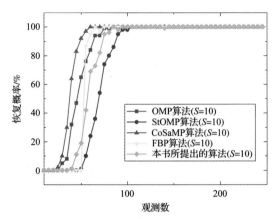

图 4 - 8　$k=10$ 时不同算法随观测数的恢复概率

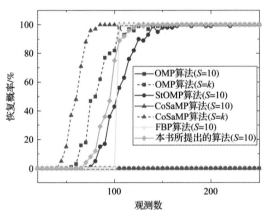

图 4 - 9　$k=20$ 时不同算法随观测数的恢复概率

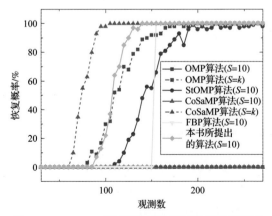

图 4 - 10　$k=30$ 时不同算法随观测数的恢复概率

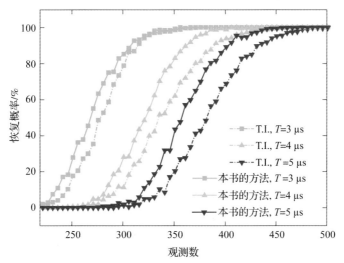

图 4 – 14 不同脉宽的恢复概率

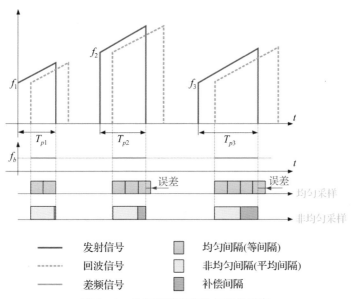

图 5 – 1 均匀采样和非均匀采样示意

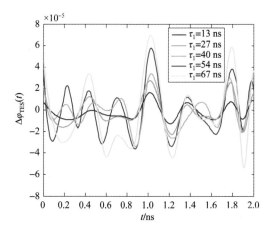

图 6 - 2　不同延时对应的 DPN

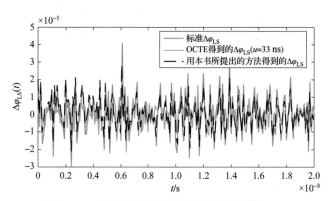

图 6 - 6　在时域中提取的近程泄露信号的 DPN

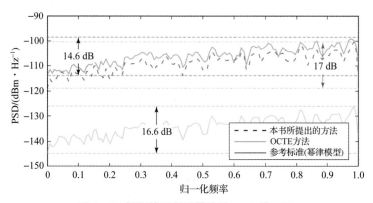

图 6 - 7　提取的近程泄露信号 DPN 的 PSD

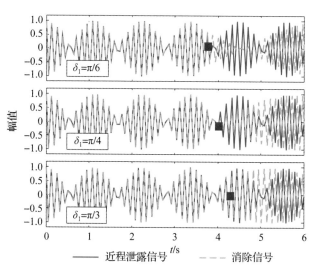

图 6 – 11　时域中的近程泄露信号和消除信号

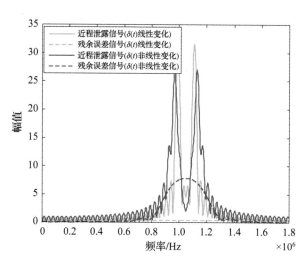

图 6 – 13　不同 $\delta(t)$ 的近程泄露信号和残余误差信号的频谱图